Julien Caroux

Modélisation, identification et observation

Julien Caroux

Modélisation, identification et observation

de la dynamique transversale d'un véhicule

Presses Académiques Francophones

Impressum / Mentions légales

Bibliografische Information der Deutschen Nationalbibliothek: Die Deutsche Nationalbibliothek verzeichnet diese Publikation in der Deutschen Nationalbibliografie; detaillierte bibliografische Daten sind im Internet über http://dnb.d-nb.de abrufbar.

Alle in diesem Buch genannten Marken und Produktnamen unterliegen warenzeichen-, marken- oder patentrechtlichem Schutz bzw. sind Warenzeichen oder eingetragene Warenzeichen der jeweiligen Inhaber. Die Wiedergabe von Marken, Produktnamen, Gebrauchsnamen, Handelsnamen, Warenbezeichnungen u.s.w. in diesem Werk berechtigt auch ohne besondere Kennzeichnung nicht zu der Annahme, dass solche Namen im Sinne der Warenzeichen- und Markenschutzgesetzgebung als frei zu betrachten wären und daher von jedermann benutzt werden dürften.

Information bibliographique publiée par la Deutsche Nationalbibliothek: La Deutsche Nationalbibliothek inscrit cette publication à la Deutsche Nationalbibliografie; des données bibliographiques détaillées sont disponibles sur internet à l'adresse http://dnb.d-nb.de.

Toutes marques et noms de produits mentionnés dans ce livre demeurent sous la protection des marques, des marques déposées et des brevets, et sont des marques ou des marques déposées de leurs détenteurs respectifs. L'utilisation des marques, noms de produits, noms communs, noms commerciaux, descriptions de produits, etc, même sans qu'ils soient mentionnés de façon particulière dans ce livre ne signifie en aucune façon que ces noms peuvent être utilisés sans restriction à l'égard de la législation pour la protection des marques et des marques déposées et pourraient donc être utilisés par quiconque.

Coverbild / Photo de couverture: www.ingimage.com

Verlag / Editeur:
Presses Académiques Francophones
ist ein Imprint der / est une marque déposée de
OmniScriptum GmbH & Co. KG
Heinrich-Böcking-Str. 6-8, 66121 Saarbrücken, Deutschland / Allemagne
Email: info@presses-academiques.com

Herstellung: siehe letzte Seite /
Impression: voir la dernière page
ISBN: 978-3-8381-4399-6

Zugl. / Agréé par: Mulhouse, Université de Haute Alsace, 2007

Copyright / Droit d'auteur © 2014 OmniScriptum GmbH & Co. KG
Alle Rechte vorbehalten. / Tous droits réservés. Saarbrücken 2014

*Je dédie cet ouvrage à
Anne-Marie
et Valentin.*

Remerciements

Ce mémoire met un terme aux travaux de thèse que j'ai commencé il y a quatre ans. De nombreuses personnes ont permis le bon déroulement de cette période, aussi bien d'un point de vue personnel que professionnel. Ces quelques lignes leurs sont dédiées.

Je remercie tout d'abord Gérard Binder qui m'a permis d'obtenir un financement pour cette thèse, Gérard Gissinger, pour son accueil au sein de son équipe et pour l'expérience qu'il m'a fait partagé et Michel Basset pour sa co-direction. Je remercie les professeurs Thierry Poinot, Dominique Sauter, Luc Dugard et Gérard Bloch d'avoir bien voulu être membres de Jury.

Un remerciement spécial doit être fait à Jean-Philippe qui m'a transmis, à sa façon, sa passion de la recherche lors de mon DEA ; j'ai appris beaucoup de choses à ses cotés. Je voudrais également remercier les thésards de l'époque qui m'ont intégrés au sein de l'équipe et avec qui j'ai pu améliorer mon espagnol, Alfonso, Bruno et Eduardo. Au fil de ces 4 années, j'ai croisé beaucoup de monde et je voudrais également qu'ils se sentent inclus dans ces remerciements en retour de leur amitié et des bons moments partagés : Benazzouz, Gaétan, Christophe, Guillaume, Bob, Estelle, Thierry, Joël, Raffaële, Gilles, Djaffar, Arnaud, Nicolas, Jérémy.

Sur un plan plus personnel, je remercie famille, belle-famille, amis.

Enfin, mes principaux remerciements reviennent à Thomas. C'est à mon sens, la personne à qui je dois le plus. Sans lui, le manuscrit tel que vous allez le découvrir n'existerait pas. Il a été un très bon encadrant, qui m'a inculqué sa richesse culturelle et scientifique, sa rigueur, et sa recherche de la petite bête. Au delà de cette relation professionnelle, il est devenu un ami qui a su me motiver dans les périodes difficiles, et avec qui j'ai pu partager des choses personnelles. Du fond du cœur, merci Thomas !

Table des matières

Introduction générale   1

    Problématique de la thèse 3

    Organisation du mémoire 4

1 Présentation des outils : modélisation, identification et observation   7

    1.1 Introduction 8

    1.2 Problèmes structurels 9

        1.2.1 Choix de la structure de modèle 9

            1.2.1.1 Classification des structures de modèle : type 9

            1.2.1.2 Classification des structures de modèle : formulation 10

        1.2.2 Propriétés structurelles des modèles 12

            1.2.2.1 Identifiabilité 12

            1.2.2.2 Discernabilité 14

            1.2.2.3 Sensibilité 14

        1.2.3 Contraintes liées au domaine d'application 15

    1.3 Identification 18

        1.3.1 Protocole d'essais 19

            1.3.1.1 Protocole d'avant essais 19

            1.3.1.2 Protocole d'essais 20

            1.3.1.3 Protocole d'après essais 20

        1.3.2 Critère de coût 20

                1.3.2.1   Critère quadratique des moindres carrés   21

                1.3.2.2   Critère en valeur absolue   21

                1.3.2.3   « Robustification » des estimateurs   22

        1.3.3   Estimation   23

                1.3.3.1   Discussion des méthodes d'estimation   23

                1.3.3.2   Algorithme d'optimisation   25

        1.3.4   Validation du modèle   32

                1.3.4.1   Normalité des résidus   33

                1.3.4.2   Stationnarité des résidus   34

                1.3.4.3   Indépendance des résidus   34

  1.4   Observateurs   35

        1.4.1   Aspects généraux   36

        1.4.2   Observabilité d'un modèle   36

        1.4.3   Structures des observateurs   37

                1.4.3.1   Observateurs linéaires   37

                1.4.3.2   Contraintes liées au domaine d'application   40

                1.4.3.3   Observateurs non linéaires   42

  1.5   Conclusion   43

2 Application à la modélisation de la dynamique transversale d'un véhicule   **45**

  2.1   Introduction   46

  2.2   Dynamique véhicule   46

        2.2.1   Le système « Conducteur – Véhicule – Environnement »   46

                2.2.1.1   Le conducteur   46

                2.2.1.2   L'environnement   47

                2.2.1.3   Le véhicule   48

        2.2.2   Étude dynamique du comportement latéral du véhicule   50

                2.2.2.1   Référentiels utilisés   50

                2.2.2.2   Description des éléments de la dynamique transversale   50

  2.3   Présentation de structures de modèle   57

        2.3.1   Équations de la dynamique transversale   60

        2.3.2 Structures Lacet-Roulis-Dérive 62
            2.3.2.1 Forces extérieures 62
            2.3.2.2 Moments extérieurs 63
            2.3.2.3 Structure non linéaire lacet-roulis-dérive : LaRouDéNL 63
            2.3.2.4 Structure linéaire lacet-roulis-dérive : LaRouDé 64
        2.3.3 Structure Lacet-Dérive 65
            2.3.3.1 Structure non linéaire lacet-dérive : LaDéNL 65
            2.3.3.2 Structure linéaire lacet-dérive : LaDé 65
        2.3.4 Propriétés structurelles des modèles 66
            2.3.4.1 Étude de l'identifiabilité des modèles 66
            2.3.4.2 Étude de discernabilité des modèles 67
            2.3.4.3 Étude de sensibilité des paramètres des modèles 67
            2.3.4.4 Synthèse 72
    2.4 Protocole expérimental 73
        2.4.1 Excitation nécessaire et réalisable 73
        2.4.2 Instrumentation du véhicule d'essai 77
            2.4.2.1 Le véhicule d'essai 77
            2.4.2.2 Instrumentation 78
    2.5 Estimation des paramètres 81
        2.5.1 Choix du critère de coût 81
        2.5.2 Choix des structures à identifier 82
            2.5.2.1 La structure LaDéNL 82
            2.5.2.2 La structure LaRouDéNL 85
        2.5.3 Résultats d'estimation 85
            2.5.3.1 Signaux de type sinus modulé en fréquence 85
            2.5.3.2 Signaux de type trajectoire circulaire 90
            2.5.3.3 Synthèse des résultats 92
        2.5.4 Évaluation de la possibilité d'identification en ligne 94
    2.6 Conclusion 97

3 Application des observateurs à la détermination de la dérive d'un véhicule 99

3.1	Introduction			101
3.2	Présentation des capteurs industriels de mesure de dérive			101
	3.2.1	Principes de mesures de dérive		101
		3.2.1.1	Mesure optique	102
		3.2.1.2	Mesure GPS	102
		3.2.1.3	Mesure GPS/INS	103
	3.2.2	Dispositifs de mesures de dérive commercialisés		103
		3.2.2.1	La mesure optique du Correvit de CorrSys-Datron	103
		3.2.2.2	La mesure GPS/INS du RT3002 d'Oxford Technical Solutions	103
		3.2.2.3	La mesure GPS/INS proposé par Racelogic	104
		3.2.2.4	Résumé des performances des capteurs de dérives	104
3.3	Caractérisation des capteurs industriels			105
	3.3.1	Contexte		105
	3.3.2	Banc d'essai		105
	3.3.3	Protocole et résultats		106
		3.3.3.1	Excitation de type échelon	107
		3.3.3.2	Excitation de type périodique	109
	3.3.4	Conclusion		110
3.4	Présentation des estimateurs de dérive (état de l'art)			111
3.5	Observateur de dérive pour une implémentation série			116
	3.5.1	Contraintes et limitations		116
	3.5.2	Présentation des observateurs utilisés		117
		3.5.2.1	Observateur linéaire bicyclette	117
		3.5.2.2	Observateur non linéaire bicyclette	118
		3.5.2.3	Observateur linéaire LaRouDé	119
		3.5.2.4	Observateur non linéaire LaRouDé	119
		3.5.2.5	Choix de la matrice de gain des observateurs	119
	3.5.3	Estimation de l'angle de dérive par observation		120
		3.5.3.1	Introduction	120
		3.5.3.2	Résultats expérimentaux pour les paramètres estimés	121

3.5.3.3 Résultats expérimentaux pour les paramètres constructeurs . . . 122

3.5.3.4 Influence de la variation des paramètres des modèles 128

3.6 Détection de défauts de capteurs par observations de la dérive 131

    3.6.1 Introduction 131

    3.6.2 Structure de diagnostic à base de modèles : approche par observation . . . 132

    3.6.3 Structure de détection de défaut choisie 134

    3.6.4 Détection d'un défaut de type rupture 137

        3.6.4.1 Détection d'une panne engendrant une mesure nulle ou absente . 137

        3.6.4.2 Détection d'une panne engendrant une saturation du capteur . . 137

    3.6.5 Détection d'un défaut de type évolutif 138

        3.6.5.1 Détection d'une dérive sur le coefficient d'offset 138

        3.6.5.2 Détection d'un drift sur le coefficient de gain 140

3.7 Conclusion 141

Perspectives et conclusion générale   **143**

Perspectives 144

Conclusion 147

A Élaboration des modèles de dynamique transversale   **149**

A.1 Principe fondamental de la dynamique 150

    A.1.1 Calcul de l'accélération d'entraînement 150

    A.1.2 Calcul de l'accélération relative 151

    A.1.3 Calcul de l'accélération de Coriolis 151

    A.1.4 Conclusion 152

A.2 Théorème du moment dynamique 153

    A.2.1 Calcul du moment cinétique 153

    A.2.2 Calcul du moment dynamique 154

    A.2.3 Conclusion 155

B Application à l'identification de la dynamique transversale d'un véhicule   **157**

B.1 Résultats d'estimation des paramètres 158

    B.1.1 Signaux de type sinus modulé en fréquence 158

    B.1.1.1 Modèle LaDéNL 158

    B.1.1.2 Modèle LaRouDéNL 160

  B.1.2 Signaux de type trajectoire circulaire 161

    B.1.2.1 Modèle LaDéNL 161

Bibliographie

Table des figures

1.1 Contexte d'étude de l'identifiabilité structurelle 13
1.2 Contexte d'étude de la discernabilité structurelle 14
1.3 Représentation de la distance d'état pour le système du premier ordre 17
1.4 Influence de la complexité sur l'erreur de modélisation 18
1.5 Classification des principaux estimateurs, (Eykhoff, 1974) 23
1.6 Algorithme des polyèdres flexibles 26
1.7 Structure d'un observateur 35
1.8 Observateur de Luenberger / Filtre de Kalman 40
1.9 Système d'étude 40
1.10 Influence des conditions initiales 41
1.11 Influence des paramètres du modèle 41
1.12 Système du second ordre 42
1.13 Influence de la structure du modèle 42

2.1 Le système « conducteur-véhicule-environnement » 47
2.2 Principales dynamiques agissant sur le véhicule 49
2.3 Définition des repères pour la description du mouvement du véhicule 51
2.4 Représentation de l'angle de dérive au pneumatique (Gissinger et Le Fort-Piat, 2002) 52
2.5 Exemple de caractérisation de l'adhérence latérale 53
2.6 Définition de l'angle de dérive au centre de gravité 54

2.7   Angle de dérive à faible vitesse   55
2.8   Angle de dérive à vitesse plus élevée   56
2.9   Description de la dynamique de roulis (Brossard, 2006)   56
2.10 Ballant du pneumatique (Gissinger et Le Fort-Piat, 2002)   57
2.11 Influence des paramètres sur les sorties dérive et vitesse longitudinale du modèle LaDéNL (sortie cercle)   69
2.12 Influence des paramètres sur les sorties vitesse de lacet et accélération transversale du modèle LaDéNL (sortie cercle)   69
2.13 Influence des paramètres sur les sorties dérive et vitesse longitudinale du modèle LaDéNL (sortie sinus wobulé)   70
2.14 Influence des paramètres sur les sorties vitesse de lacet et accélération transversale du modèle LaDéNL (sortie sinus wobulé)   70
2.15 Influence des paramètres sur les sorties dérive et vitesse de lacet du modèle LaRouDéNL (entrée cercle)   71
2.16 Influence des paramètres sur la sortie vitesse de roulis du modèle LaRouDéNL (entrée cercle)   71
2.17 Influence des paramètres sur les sorties dérive et vitesse de lacet du modèle LaRouDéNL (entrée sinus wobulé)   72
2.18 Influence des paramètres sur la sortie vitesse de roulis du modèle LaRouDéNL (entrée sinus wobulé)   72
2.19 Représentation temporelle d'une excitation de type sinus wobulé par un opérateur humain   75
2.20 Contenu fréquentiel d'une excitation de type sinus wobulé par un opérateur humain   75
2.21 Contenu fréquentiel d'une excitation de type trajectoire circulaire par un opérateur humain   76
2.22 Le véhicule d'essais   77
2.23 Exemple de configuration matérielle du coffre du véhicule d'essais   77
2.24 Mesure d'un magnétomètre lorsque le capteur est dans le véhicule   80
2.25 Position des différents capteurs   81
2.26 Mesure de la masse et de la position du centre de gravité   83
2.27 Comparaison des sorties vitesse et dérive avec les mesures réelles d'un essai sinus wobulé pour le critère $C_{LaDeNLserie}$ et le modèle LaDéNL   86

2.28 Comparaison des sorties vitesse de lacet et accélération transversale avec les mesures réelles d'un essai sinus wobulé pour le critère $C_{LaDeNLserie}$ et le modèle LaDéNL 87

2.29 Comparaison des sorties vitesses de lacet et de roulis avec les mesures réelles d'un essai sinus wobulé pour le critère $C_{LaRouDeNLserie}$ et le modèle LaRouDéNL ... 88

2.30 Comparaison de la sortie angle de dérive avec la mesure réelle d'un essai sinus wobulé pour le critère $C_{LaRouDeNLserie}$ et le modèle LaRouDéNL 89

2.31 Comparaison des sorties vitesse et dérive avec les mesures réelles d'un essai circulaire pour le critère $C_{LaDeNLserie}$ et le modèle LaDéNL 90

2.32 Comparaison des sorties vitesse de lacet et accélération transversale avec les mesures réelles d'un essai circulaire pour le critère $C_{LaDeNLserie}$ et le modèle LaDéNL 91

2.33 Comparaison de la sortie dérive avec la mesure réelle d'un essai circulaire pour le critère $C_{LaDeNLderive}$ et le modèle LaDéNL avec l'apport de l'information de vitesse en entrée. 93

2.34 Résultats de l'estimation des paramètres pour un fichier de mesures court 95

2.35 Résultats de l'estimation des paramètres pour un autre fichier de mesures court . 95

3.1 Principe de mesure optique de CorrSys-Datron 102

3.2 Banc d'essai de caractérisation (Basset, 2006) 106

3.3 Test en ligne droite à 60 km/h 107

3.4 Échelon d'angle de 5° 108

3.5 Régime transitoire de la réponse à un échelon d'angle de 5° 109

3.6 Excitation de type périodique 110

3.7 Reconstruction de l'angle de dérive pour un essai de type cercle 120

3.8 Reconstruction de l'angle de dérive pour un essai de type cercle à 70 km/h 122

3.9 Reconstruction de l'angle de dérive pour un essai de type cercle à 50 km/h ... 123

3.10 Reconstruction de l'angle de dérive pour un essai de type cercle à 50 km/h ... 123

3.11 Reconstruction de l'angle de dérive pour un essai de type cercle à 70 km/h ... 124

3.12 Reconstruction de l'angle de dérive pour un essai de type sinus wobulé à 80 km/h 125

3.13 Reconstruction de l'angle de dérive pour un essai de type sinus wobulé à 60 km/h 126

3.14 Reconstruction de l'angle de dérive pour un essai de forte dérive 127

3.15 Zoom sur la reconstruction de l'angle de dérive pour un essai de forte dérive ... 127

3.16 Influence de la variation des rigidités de dérive sur les reconstructions des observateurs 129

3.17 Influence de la variation des rigidités de dérive sur les reconstructions des observateurs 129

3.18 Influence de la variation de la masse du véhicule sur les reconstructions des observateurs 130

3.19 Influence de la variation de la masse du véhicule sur les reconstructions des observateurs 130

3.20 Configuration classique de génération de résidu à travers l'estimation d'états . . 132

3.21 Banc d'observateur de type DOS 133

3.22 Banc d'observateur de type GOS 134

3.23 Structure DOS pour la détection de défaut 135

3.24 Structure GOS pour la détection de défaut 135

3.25 Structure de détection de défaut par observateurs 136

3.26 Détection d'une mesure nulle de l'accéléromètre 138

3.27 Détection d'une mesure saturée du potentiomètre 139

3.28 Détection d'un offset sur la mesure du gyromètre 139

3.29 Influence d'un offset sur la mesure du capteur accélération transversale en fonction de la vitesse longitudinale 140

3.30 Détection d'un drift sur le gain de l'accéléromètre 140

3.31 Essai de mise en dérive volontaire du véhicule 146

3.32 Essai de mise en dérive volontaire du véhicule 146

B.1 Comparaison des sorties vitesse et dérive avec les mesures réelles d'un essai sinus wobulé pour le critère $C_{LaDeNLderive}$ et le modèle LaDéNL 158

B.2 Comparaison des sorties vitesse de lacet et accélération transversale avec les mesures réelles d'un essai sinus wobulé pour le critère $C_{LaDeNLderive}$ et le modèle LaDéNL 158

B.3 Comparaison des sorties vitesse et dérive avec les mesures réelles d'un essai sinus wobulé pour le critère $C_{LaDeNLcouple}$ et le modèle LaDéNL 159

B.4 Comparaison des sorties vitesse de lacet et accélération transversale avec les mesures réelles d'un essai sinus wobulé pour le critère $C_{LaDeNLcouple}$ et le modèle LaDéNL 159

B.5 Comparaison des sorties vitesses de lacet et de roulis avec les mesures réelles d'un essai sinus wobulé pour le critère $C_{LaRouDeNLcouple}$ et le modèle LaDéNL 160

B.6 Comparaison des sorties vitesse de lacet et accélération transversale avec les mesures réelles d'un essai sinus wobulé pour le critère $C_{LaDeNLcouple}$ et le modèle LaDéNL 160

B.7 Comparaison des sorties vitesse et dérive avec les mesures réelles d'un essai circulaire pour le critère $C_{LaDeNLderive}$ et le modèle LaDéNL 161

B.8 Comparaison des sorties vitesse de lacet et accélération transversale avec les mesures réelles d'un essai circulaire pour le critère $C_{LaDeNLderive}$ et le modèle LaDéNL 161

B.9 Comparaison des sorties vitesse et dérive avec les mesures réelles d'un essai circulaire pour le critère $C_{LaDeNLcouple}$ et le modèle LaDéNL 162

B.10 Comparaison des sorties vitesse de lacet et accélération transversale avec les mesures réelles d'un essai circulaire pour le critère $C_{LaDeNLcouple}$ et le modèle LaDéNL 162

Introduction générale

Sommaire

    Problématique de la thèse 3
    Organisation du mémoire 4

Le terme « automobile » est composé du préfixe grec *autos* signifiant « soi même » et du suffixe latin *mobile* exprimant la notion de mouvement. Il a été créé lors de l'apparition des premiers dispositifs munis d'un moteur à source d'énergie embarquée, distingués des « véhicules » de l'époque (calèches, diligences, chariots,...) qui nécessitaient une traction animale (chevaux ou bœufs). Le premier de ces dispositifs est le fardier de Cugnot, présenté par l'ingénieur français Joseph Cugnot en 1769.

À ses débuts, l'automobile a été développée dans le but d'aider l'homme à se mouvoir. Son autonomie et ses performances n'ont jamais cessé d'être améliorées. Nous sommes passés d'un véhicule qui atteignait les 10 km/h pour une autonomie de 15 min (le fardier de Cugnot) à la Bugati Veyron dépassant les 400 km/h et les prototypes du challenge « Shell Eco-marathon » atteignant une consommation en carburant inférieure à $0,035\,l$ au 100 km.

Au cours du dernier siècle, l'utilisation de l'automobile s'est banalisée, et la quantité de véhicules sur le réseau routier a largement augmenté. Ce réseau a subi de profondes modifications pour permettre aux automobilistes de réaliser leur besoin de déplacement de plus en plus rapidement, tout en garantissant et en accroissant le niveau de sécurité des usagers de la route. Le nombre d'accidents mortels et le nombre de blessés directement liés à la route sont toujours trop importants, même si depuis une trentaine d'années, ils ont tendance à diminuer dans la grande majorité des pays européens.

Ainsi, l'accent est mis sur l'innovation de dispositifs cherchant à préserver la vie des usagers de la route (passagers, piétons,...) pour les multiples situations qui peuvent être rencontrées. De nos jours, l'émergence de différentes technologies permet de tendre vers cet objectif. La sécurité des occupants du véhicule est scindée en deux parties : la sécurité active et la sécurité passive. La sécurité active cherche à éviter l'accident alors que la sécurité passive intervient pour garder en vie les occupants des véhicules lors de l'accident. Les coussins gonflables (airbag), les prétensionneurs de ceintures de sécurité, l'habitacle renforcé sont autant de systèmes agissant pour la sécurité passive. La sécurité active est mise en valeur par l'utilisation de dispositifs tels que l'ABS et l'ESP. L'ABS, dispositif de freinage évitant le blocage des roues lors d'un freinage d'urgence, équipe les véhicules récents. L'ESP est un système électronique de correction de trajectoire. À partir des informations du véhicule, il est en mesure de détecter un comportement dynamique différent de celui imposé par le conducteur. Une action précise sur le système de freinage permet au véhicule de retrouver une trajectoire proche de celle désirée par le conducteur. À ce jour, l'ESP est embarqué dans la majorité des véhicules haut de gamme et disponible en option sur les moyennes gammes. Dans un futur proche, l'ESP devrait être considéré, à l'image de l'ABS comme un système d'aide à la conduite standard.

Problématique de la thèse

L'étude du comportement du véhicule sur la route nécessite la connaissance de sa dynamique globale. Par dynamique globale, nous entendons les dynamiques principales, à savoir la dynamique longitudinale, la dynamique transversale et la dynamique verticale, et les couplages entre ces dynamiques. La dynamique verticale est étudiée dans le but d'améliorer le confort des occupants du véhicule. La dynamique longitudinale est l'une des dynamiques pour laquelle de nombreux travaux ont permis de mieux la maîtriser en développant des dispositifs tels que l'ABS, le régulateur de vitesse et le régulateur de vitesse adaptatif. Dès lors que le véhicule emprunte un virage, la dynamique transversale intervient. Bien que des systèmes d'aides à la conduite, tel que, par exemple, l'ESP cherchent à éviter la perte de contrôle du véhicule, la dynamique transversale est toujours au cœur de nombreux travaux de recherche. En terme de sécurité, il s'avère que la compréhension de la dynamique transversale est déterminante. C'est pourquoi, dans ces travaux, nous allons nous attacher plus particulièrement à cet aspect du comportement du véhicule ainsi qu'aux couplages avec les composantes longitudinale et verticale.

La littérature concernant la dynamique transversale d'un véhicule met souvent en valeur l'importance de l'angle de dérive du véhicule sur son comportement global. Lorsque le conducteur du véhicule impose un angle au volant à une vitesse donnée, les pneumatiques sont soumis à un effort transversal et se déforment. Un moment d'auto-alignement est alors généré en raison de l'élasticité du pneumatique. Ce moment modifie la direction originelle du vecteur vitesse défini au point de contact entre la roue et le sol. L'écart entre l'axe longitudinal de la roue et le vecteur vitesse est décrit par l'angle de dérive au pneumatique. Généralement, lorsque nous nous intéressons au comportement du châssis du véhicule, nous construisons géométriquement un vecteur vitesse au centre de gravité résultant des vecteurs vitesse de chacune des roues. Le phénomène de dérive au pneumatique se retrouve ainsi au centre de gravité. Nous définissons un angle de dérive au centre de gravité comme étant l'angle entre l'axe longitudinal du véhicule et le vecteur vitesse.

Les travaux présentés dans ce mémoire sont consacrés à l'étude de l'obtention de l'angle de dérive au châssis du véhicule. Cet axe de recherche est motivé par deux contextes distincts. Tout d'abord, l'angle de dérive étant un signal important du comportement global du véhicule, les constructeurs automobiles le mesurent afin d'améliorer leur modélisation et leur simulation dans le but de diminuer le temps et le coût de conception des véhicules. Une bonne précision ($< 0.1°$) et une grande plage d'utilisation sont généralement exigées mais pas souvent obtenues. Enfin, la connaissance de l'angle de dérive peut apporter une information supplémentaire à une stratégie globale d'aide à la conduite. Elle peut aider à la détection de situations de conduite critiques en anticipant le déclenchement de systèmes tel que, par exemple, l'ESP. L'angle de dérive peut également servir de signal de référence dans une approche de commande pour le suivi de trajectoire. Dans la suite de ce mémoire, nous allons considérer ces deux contextes généraux sous les désignations raccourcies : contexte véhicule de laboratoire et contexte véhicule de série.

La littérature présente une multitude de travaux orientée vers la mesure ou l'estimation de l'angle de dérive. Nous pouvons distinguer trois approches différentes. La première approche est basée sur une mesure optique du défilement de la route sous le véhicule. Par corrélation optique, le vecteur de vitesse est obtenu dans le repère du véhicule. Il est alors possible d'obtenir l'angle de dérive à partir des composantes longitudinale et latérale du vecteur vitesse. Cette approche est actuellement commercialisée. Une autre approche, également commercialisée, utilise les informations d'un système de localisation de type GPS. Elle fournit la direction et la norme du vecteur vitesse du véhicule par rapport à un repère fixe lié au globe terrestre pour en déduire l'angle de dérive. Les informations d'une centrale inertielle sont ajoutées à la mesure GPS pour une mesure de la dérive à une fréquence plus élevée. La fusion des deux types de mesure est réalisée à l'aide d'un modèle de comportement du véhicule. La troisième approche est présentée dans de nombreux travaux et consiste en l'estimation de l'angle de dérive à partir d'observateurs basés sur une modélisation du véhicule.

La première démarche de ces travaux de thèse a été d'étudier ces différentes approches pour évaluer leurs pertinences selon le contexte d'application. Pour ce faire, les travaux de ce mémoire présentent une caractérisation des capteurs commercialisés ainsi qu'un état de l'art des méthodes utilisant les observateurs pour l'estimation de l'angle de dérive. Aucun capteur commercialisé n'utilise des observateurs seuls, alors qu'ils sont souvent présentés comme un outil efficace et moins onéreux ; c'est pourquoi nous avons cherché à évaluer la qualité de cette dernière approche. Comme l'utilisation d'observateurs nécessite un modèle de comportement du véhicule, nous avons réalisé la démarche complète d'obtention d'un observateur d'états, c'est-à-dire la modélisation et l'identification de la dynamique transversale d'un véhicule à partir de mesures expérimentales. Cette démarche permet de mettre en exergue de nombreuses difficultés qui influencent la qualité de l'observation. Nous avons cherché à quantifier les conséquences de ces difficultés sur l'estimation de l'angle de dérive. Plus précisément, en respectant rigoureusement les contraintes liées au domaine d'application, nous évaluons les possibilités offertes par l'utilisation des observateurs pour l'obtention de l'angle de dérive.

Nos résultats montrent que, sous les conditions particulières d'utilisation des observateurs pour un véhicule série et avec les outils présentés dans ces travaux, une mesure de dérive précise semble peu probable. Néanmoins, la variation de l'angle de dérive estimée par les observateurs est suffisante pour que ces derniers soient utiliser dans une détection de défauts de capteurs d'un véhicule de série.

ORGANISATION DU MÉMOIRE

Suite à cette partie introductive, le mémoire est composé de trois autres chapitres.

Chapitre 1 : Présentation des outils : modélisation, identification et observation

Suite à la présente introduction, le chapitre 2 présente l'ensemble des **outils** nécessaires pour l'**identification d'un modèle de la dynamique transversale d'un véhicule**. Ne pouvant être exhaustifs, nous nous sommes limités à la présentation et l'application de certains des outils présentés dans la littérature. La sélection de ces outils a été réalisée en fonction du contexte applicatif de cette thèse, à savoir le véhicule automobile. C'est pourquoi des méthodes ont été écartées en raison de l'incohérence des hypothèses de formulation avec la dynamique transversale du véhicule. La dernière partie de ce chapitre traite du principe de l'observation et de la description des observateurs permettant l'estimation de variables non mesurées de la dynamique transversale.

Chapitre 2 : Application à l'identification de la dynamique transversale d'un véhicule

Avant d'appliquer les outils du chapitre précédent, le contexte applicatif est présenté au début de ce chapitre. Puis, une **modélisation** est réalisée afin de définir une ou **plusieurs structures de modèle** permettant de décrire au mieux la dynamique transversale en fonction des contraintes liées au support applicatif. Ce chapitre est ensuite consacré à l'**estimation des paramètres** de ces structures et leur **validation**, suivant un **protocole expérimental** fixé.

Chapitre 3 : Application des observateurs à la détermination de la dérive d'un véhicule

Ce chapitre est consacré à l'étude des différentes approches pour la **mesure** ou l'**estimation de l'angle de dérive**. Nous évaluons leurs pertinences selon le **contexte d'application**. Pour se faire, une **caractérisation des capteurs commercialisés** est présentée ainsi qu'un **état de l'art** des méthodes utilisant les **observateurs pour l'estimation de l'angle de dérive**. Comme aucun capteur disponible sur le marché n'utilise les observateurs seuls, nous avons évalué la qualité de cette dernière approche. L'utilisation d'observateurs nécessite un modèle de comportement du véhicule, c'est pourquoi nous utilisons les modèles quantifiés de la dynamique transversale du véhicule obtenus au chapitre précédent. Cette démarche permet de mettre en exergue **de nombreuses difficultés qui influent sur la qualité de l'observation**. Bien que l'estimation ne soit pas suffisamment précise pour une mesure de l'angle de dérive, les observateurs peuvent être utilisés dans une approche de détection de défauts de capteurs.

Perspectives et conclusion générale

Cette partie vient finaliser la présentation des travaux de recherche par une partie perspective qui s'appuie sur les résultats présentés pour proposer des voies d'investigation intéressantes. Enfin, une conclusion générale termine ce mémoire.

Un des outils les plus puissants de
la science, le seul universel, c'est
le contresens manié par un
chercheur de talent.

B. Mendelbrot

1

Présentation des outils : modélisation, identification et observation

Sommaire

1.1	**Introduction**	**8**
1.2	**Problèmes structurels**	**9**
	1.2.1 Choix de la structure de modèle	9
	1.2.2 Propriétés structurelles des modèles	12
	1.2.3 Contraintes liées au domaine d'application	15
1.3	**Identification**	**18**
	1.3.1 Protocole d'essais	19
	1.3.2 Critère de coût	20
	1.3.3 Estimation	23
	1.3.4 Validation du modèle	32
1.4	**Observateurs**	**35**
	1.4.1 Aspects généraux	36
	1.4.2 Observabilité d'un modèle	36
	1.4.3 Structures des observateurs	37
1.5	**Conclusion**	**43**

1.1 Introduction

La modélisation mathématique des systèmes physiques complexes présente un intérêt de plus en plus important en raison des exigences croissantes dans les domaines de la conception, du contrôle ou encore de la surveillance (Söderström et Stoica, 1989 ; Poinot *et al.*, 2005 ; Najim, 2006 ; De Larminat, 2007). La nécessité d'obtenir un modèle quantifié du système étudié est un élément déterminant et commun aux différents domaines. Le cahier des charges et la réalisation de la modélisation sont, en revanche, spécifiques à l'application.

Notre objectif ici est l'obtention d'un modèle de la dynamique transversale du véhicule. En fonction du nombre d'éléments considérés dans la dynamique transversale, le degré et le nombre de paramètres du modèle sont différents. **Le choix de la structure du modèle** permet ainsi de fixer le nombre de degrés de liberté et par conséquent le nombre de paramètres. Du choix de la structure découlent également certaines **propriétés structurelles** et il conditionne la phase quantitative, à savoir l'**identification** qui permet de fournir à chacun des paramètres du modèle une valeur numérique. La structure quantifiée a alors pour but d'obtenir un comportement du modèle proche de celui du système étudié. Le comportement du modèle est ainsi évalué dans une phase de vérification ou de **validation**.

La modélisation de la dynamique transversale implique une abstraction et une simplification, et l'exercice délicat est alors de choisir le degré d'abstraction par un compromis entre la simplicité et la performance du modèle. En effet, un modèle simple est limité à des conditions d'utilisation particulières très restreintes. À l'inverse, un modèle complexe est plus précis car plus fidèle au comportement du système réel mais la phase de quantification d'un tel modèle est difficile à réaliser en raison d'un nombre important de paramètres et d'une sensibilité plus importante aux bruits de mesure ou plus généralement aux erreurs de variance.

Nous utilisons le modèle quantifié dans une stratégie d'observation de variables non mesurées de la dynamique. Le coût ou la non existence de capteurs pour mesurer certains états du système peuvent limiter le contrôle de ce dernier. Pour pallier ce problème, en automatique et en traitement du signal, nous avons recours à l'utilisation **d'observateurs** permettant dans la mesure du possible de reconstruire l'état non mesuré à partir d'un modèle du système et de la mesure d'un ou plusieurs états. Pour illustrer l'utilité des observateurs, dans le domaine automobile, considérons la température dans la chambre de combustion du moteur thermique. Pour des stratégies de rendement et de diminution de consommation, la variable de température fournit d'importantes informations sur le fonctionnement interne du moteur. Le milieu de mesure n'étant propice à aucun capteur de température, aucune mesure directe n'est disponible. L'utilisation des observateurs permet dans ce cas d'estimer cette température. À partir d'un modèle décrivant les relations entre la vitesse de rotation du moteur, la quantité de carburant et d'air et les mesures de ces derniers, un observateur est en mesure de reconstruire l'information de température. Dans ce cas, l'observateur est souvent qualifié de capteur virtuel.

Dans le contexte de l'étude de la dynamique transversale d'un véhicule automobile, nous allons présenter dans ce chapitre, les outils utilisés pour l'obtention d'un modèle quantifié servant à l'observation d'état non mesurés de la dynamique transversale.

1.2 Problèmes structurels

1.2.1 Choix de la structure de modèle

La recherche d'une ou plusieurs structures de modèle adéquates pour une application concrète est la première étape du processus de modélisation d'un système, (Schoukens *et al.*, 1994 ; Walter, 1987 ; Ljung, 1999). Cette étape est souvent nommée *caractérisation* ou étape qualitative. Il s'agit d'une phase complexe en raison de nombreux facteurs intervenant dans ce choix. En effet, le choix de la structure nécessite de tenir compte :

- du but fixé de la modélisation ;
- des conditions d'utilisation du modèle (plage de fonctionnement, relations avec d'autres entités dans une approche globale, nature des entrées,...) ;
- du coût de construction du modèle ;
- des ressources disponibles pour l'élaboration du modèle (choix de la complexité du modèle en fonction des données disponibles sur le système).

Une classification des structures de modèle disponibles ainsi que la description de leurs propriétés sont proposées pour aider à caractériser le système.

1.2.1.1 Classification des structures de modèle : type

Il existe trois grandes classes de structures de modèle :

- les structures de modèle de connaissance ;
- les structures de modèle de comportement ;
- les structures de modèle hybrides.

Les structures de modèle de connaissance, que nous retrouvons également sous les noms de structures de modèle physiques, structures de modèle analytiques, ou encore structures de modèle « boîtes blanches », sont établies à partir des lois physiques régissant le système en écrivant des équations de conservation, des équations de bilan et des équations phénoménologiques (dans les processus à entropie non constante). Ces structures de modèle sont adaptées à la prise en compte des connaissances ou informations *a priori* en raison de la considération physique dans leur écriture. De même, la vérification *a posteriori* des ordres de grandeurs des paramètres de la structure de modèle est facilitée. Ce type de modélisation présente également l'avantage d'offrir un domaine de validité étendu à condition que l'ensemble des lois de la physique ait été pris en compte sur le domaine choisi. Cependant, la structure du modèle peut s'avérer complexe à quantifier selon les mesures disponibles sur le système. La mise en œuvre d'une telle structure dans un contexte de simulation est difficile. En revanche, grâce à son pouvoir prédictif, elle est bien adaptée à des simulations de comportement.

Nous distinguons les paramètres de connaissance des paramètres de comportement. Les paramètres de connaissance dans une structure sont les paramètres physiques issus des équations décrivant la structure de modèle de connaissance. Ainsi, par exemple, la masse, le volume, l'intensité sont considérés comme des paramètres de connaissance. Les paramètres de comportement ont également un sens physique mais correspondent dans la plupart des cas à une composition de paramètres de connaissance, comme la constante de temps du modèle ou encore son gain statique.

Les structures de modèle de comportement, que nous retrouvons également sous les noms de structures de modèle empiriques, structures de modèle expérimentaux, ou encore structures de modèle « boîtes noires », sont établies par les lois définies à partir des relevés expérimentaux de différentes grandeurs du système. Il peut s'agir des entrées, des sorties ou encore des états du système. Le but principal de ce type de structure est de reproduire un comportement observé, sans requérir aucune connaissance *a priori* sur le système. Les structures de modèle de comportement sont en général assez simples à simuler, et mieux adaptées à un contexte de commande que les structures de modèle de connaissance.

Le choix entre l'utilisation de structures de modèle de connaissance et de structures de modèle de comportement n'est pas toujours simple, ainsi nous avons recours aux structures de modèle hybrides ou structures de modèle « boîtes grises ». Ces structures permettent de réaliser un compromis entre les deux approches et de conserver leurs avantages respectifs. En règle générale, les équations principales de la structure répondent aux lois physiques, et lorsque ces lois sont difficiles à implémenter, les équations sont définies à partir de relevés expérimentaux.

1.2.1.2 Classification des structures de modèle : formulation

Nous distinguons tout d'abord les modèles linéaires des modèles non linéaires. Dans le cas d'un modèle linéaire, deux types de linéarités sont à distinguer : la linéarité par rapport aux paramètres et la linéarité par rapport aux entrées. Une structure est dite linéaire par rapport aux paramètres si sa sortie vérifie le principe de superposition par rapport aux paramètres. Une structure est dite linéaire par rapport aux entrées si sa sortie vérifie le principe de superposition par rapport aux entrées.

Deux grandes formes d'écriture des équations d'une structure de modèle peuvent être distinguées (Masten et Aström, 1995) :

– les structures de modèle entrées-sorties ;
– les structures de modèle d'état.

Pour les structures entrées-sorties, nous utilisons les structures de type équations différentielles linéaires à coefficients constants :

$$\sum_{i=0}^{n_y} a_i \frac{d^i y_m(t)}{dt^i} = \sum_{i=0}^{n_u} b_i \frac{d^i u(t)}{dt^i}, \tag{1.1}$$

(où y_m représente la sortie et u l'entrée), et sa transformée de Laplace sous forme de fonction de transfert :

$$F(s) = \frac{Y_m(s)}{U(s)}. \tag{1.2}$$

Nous utilisons également la représentation d'état qui permet la modélisation d'un système dynamique directement dans le domaine temporel. Contrairement à la formulation précédente, ce modèle fait apparaître également les états internes du système exprimés par le vecteur d'état x. Pour les systèmes linéaires, la représentation d'état est :

$$\begin{cases} \dot{x}(t) = A(t)x(t) + B(t)u(t) \\ y_m(t) = C(t)x(t) + D(t)u(t) \end{cases} \tag{1.3}$$

Il existe d'autres outils de modélisation permettant de formaliser l'écriture d'une structure de modèle tels que :

- les graphes à liens ;
- la logique floue ;
- les réseaux de neurones ;
- ...

Les graphes à liens sont utilisés à l'aide d'un outil graphique pour l'analyse et la modélisation de la dynamique des systèmes physiques d'une manière unifiée car basée sur l'échange et la conservation de l'énergie. À partir de cette représentation graphique, il est possible de formuler la structure sous forme plus traditionnelle (structure de modèle entrées-sorties, ou représentation d'état). Les avantages des graphes à liens sont présentés dans de nombreux travaux, tels que Gawthrop et Smith (1996), Karnopp et al. (2000), Dauphin-Tanguy (2000) et Thoma et Bouamama (2003).

La logique floue est un outil qui permet une modélisation basée sur la connaissance. Il consiste à recueillir l'expertise d'un expert, de formuler un ensemble de règles et d'appliquer un mécanisme d'inférences à partir de ces règles. La logique floue est utilisée pour reproduire le comportement de systèmes dont les lois physiques ne sont pas totalement maîtrisées et pour des systèmes non linéaires pour survenir à la modélisation linéaire. Cette approche, introduite dans Zadeh (1965, 1975), présente de nombreux avantages, énoncés par exemple, dans Labbi et Gauthier (1997).

Les réseaux de neurones sont utilisés principalement pour la conception de structures de modèle adaptatives. Ils sont dotés d'une capacité à apprendre et à généraliser des comportements à partir d'algorithmes. Ce type de modélisation nécessite une grande quantité d'informations sur le système pour faire apprendre au réseau le comportement du système, ce qui peut être problématique selon le système à modéliser (Friedman, 1997).

Dans le contexte de la modélisation de la dynamique transversale du véhicule, nous avons opté pour la représentation d'état qui permet à partir de ces variables d'état de conserver le sens physique des paramètres de la structure. Ce choix n'a pas de conséquences sur la quantification de la structure et n'entraîne aucune limitation supplémentaire par rapport aux autres formulations.

1.2.2 Propriétés structurelles des modèles

Les propriétés structurelles des modèles sont, dans la mesure du possible, des propriétés indépendantes des valeurs prises par les paramètres. Elles mettent en valeur des problèmes qui seront rencontrés dans la phase d'estimation des paramètres de connaissance de la structure de modèle. Trois propriétés structurelles présentent une importance particulière dans le contexte de la construction des structures :

- l'identifiabilité ;
- la discernabilité ;
- la sensibilité.

1.2.2.1 Identifiabilité

La phase d'identifiabilité permet d'étudier la question suivante : *à partir de la structure de modèle choisie, serons-nous capables, lors de la phase d'identification ou plus précisément la phase d'estimation des paramètres, d'associer à chaque paramètre de connaissance une valeur spécifique en fonction des données*[1] *collectées sur le système ?*

Tout d'abord, supposons un modèle utilisé dans le contexte de la figure 1.1. L'excitation du système est supposée indépendante de la sortie et le système ne subit aucune perturbation. Dans ce contexte idéalisé, il est possible, lorsque les structures sont identiques de trouver les valeurs du vecteur de paramètres $\hat{p}$ pour que le système et le modèle aient le même comportement entrées-sorties.

Les définitions proposées sont issues de l'étude référence de l'identifiabilité faite par Walter (1987).

Définition 1. Le paramètre p_i est structurellement globalement identifiable si pour toutes les valeurs de p_0 de l'espace paramétrique :

$$M(\hat{p}) = M(p_0) \Rightarrow \hat{p}_i = p_{0_i}. \tag{1.4}$$

---
[1]. L'identifiabilité d'une structure de modèle est indépendante du protocole expérimental qui est considéré comme satisfaisant.

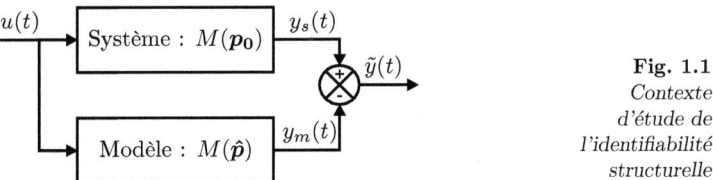

Fig. 1.1
Contexte
d'étude de
l'identifiabilité
structurelle

M est la structure du modèle identique à celle du système supposée connue, p_0 est le vecteur de paramètres nominaux supposés connus.

Définition 2. Le paramètre p_i est structurellement localement identifiable si pour toutes les valeurs de p_0 de l'espace paramétrique, il existe un voisinage $V_X^{p_0}$ tel que si :

$$\hat{p} \in V_X^{p_0}, \quad M(\hat{p}) = M(p_0) \Rightarrow \hat{p}_i = p_{0_i}. \tag{1.5}$$

Un modèle est structurellement globalement identifiable si tous ces paramètres le sont. Il est structurellement non identifiable si un de ces paramètres l'est. Ainsi, un modèle structurellement non identifiable peut posséder des paramètres structurellement localement identifiables et structurellement globalement identifiables.

Il existe différentes méthodes pour tester l'identifiabilité des modèles (Walter, 1987) :

- approche par transformée de Laplace ;
- approche par transformation de similarité ;
- approche par séries de Taylor ;
- utilisation de la théorie d'élimination.

Ces méthodes dépendent essentiellement des caractéristiques de linéarité des modèles par rapport aux paramètres et par rapport aux entrées. En pratique, lorsque l'ordre du modèle est élevé et lorsque les différents paramètres sont couplés, les approches algébriques deviennent trop complexes pour une résolution formelle. Une méthode numérique d'analyse d'identifiabilité locale peut alors être utilisée. Pour l'étude d'identifiabilité des structures de modèle, nous avons choisi cette dernière approche. Elle consiste en un choix aléatoire d'un vecteur p_0 des paramètres nominaux et une simulation du modèle $M(p_0)$ pour obtenir une grande quantité de données. Ces données sont ensuite utilisées lors d'une estimation de paramètres $\hat{p}$ en minimisant un critère quadratique avec une méthode de deuxième ordre (Newton, Gauss-Newton,...) en initialisant la méthode avec le vecteur p_0. Si le résultat de l'estimation est $\hat{p} = p_0$, alors le modèle est structurellement localement identifiable. Dans le cas contraire, le modèle est soit structurellement non identifiable, soit la valeur de p_0 provoque des singularités numériques. La solution est alors de choisir une autre valeur de p_0 et de refaire l'opération.

1.2.2.2 Discernabilité

Pour décrire le comportement de systèmes complexes mal connu, plusieurs structures de modèles se retrouvent souvent en compétition. Dans le but de trouver la structure la plus adéquate à partir des mesures expérimentales du système, nous nous intéressons à l'étude de discernabilité. Généralement, le modèle retenu est celui qui décrit le plus précisément le comportement du système. L'étude de la discernabilité permet d'affirmer, lorsque plusieurs structures de modèle sont en compétition, si un choix entre ces structures est possible. Le pouvoir prédictif est le seul élément pris en compte dans cette étude. Définissons un contexte idéalisé comme celui de l'identifiabilité pour l'étude de la discernabilité. En revanche, les structures des deux modèles diffèrent (figure 1.2).

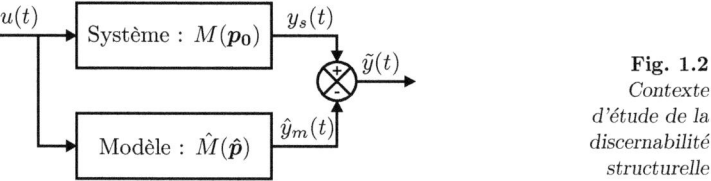

Fig. 1.2
Contexte
d'étude de la
discernabilité
structurelle

$\hat{M}$ est la structure du modèle, M est la structure du système supposée connue, p_0 est le vecteur de paramètres nominaux supposés connus.

Le vecteur de paramètres $\hat{p}$ du modèle $\hat{M}$ peut être différent et de dimension différente du vecteur p_0 de M. Étant donné la différence des structures, il est génériquement impossible d'obtenir un jeu de paramètres $\hat{p}$ qui permet à la structure $\hat{M}$ d'avoir le même comportement que la structure $M(p_0)$. Contrairement à l'identifiabilité, nous ne cherchons pas l'unicité de la solution $\hat{p}$ mais la non existence. Cette impossibilité permet de choisir une structure $\hat{M}$ parmi d'autres.

Les définitions proposées sont issues de l'étude référence de la discernabilité faite par Walter et Pronzato (1994).

Définition 3. Le modèle $\hat{M}$ est dit structurellement discernable de M si pour toute valeur des points de l'espace paramétrique de p_0 de M, il n'existe aucune valeur $\hat{p}$ telle que $\hat{M}(\hat{p}) = M(p_0)$.

Mais $\hat{M}$ discernable de M n'implique pas la réciproque. Lorsque $\hat{M}$ est structurellement discernable de M et que M est structurellement discernable de $\hat{M}$, alors M et $\hat{M}$ sont structurellement discernables et dans le cas contraire, ils sont définis comme structurellement indiscernables.

Les algorithmes à utiliser pour évaluer la discernabilité de structures de modèles sont identiques à ceux de l'étude d'identifiabilité.

1.2.2.3 Sensibilité

L'analyse de sensibilité d'un modèle par rapport à ses paramètres sert à diagnostiquer l'influence de chaque paramètre sur la ou les sorties du modèle. La sensibilité est d'autant plus grande si une petite variation d'un paramètre engendre une grande variation des sorties du modèle. Lors de la phase d'identification, afin d'estimer correctement un paramètre, il faut vérifier que sa sensibilité soit suffisante en fonction du protocole d'essais défini.

Une fonction de sensibilité peut être exprimée dans le domaine temporel ou fréquentiel. La fonction de sensibilité fréquentielle de premier ordre $S(j\omega,\boldsymbol{p})$ est définie par la dérivée partielle de la fonction de transfert du système $F(j\omega,\boldsymbol{p})$ par rapport aux différents paramètres $\boldsymbol{p}$:

$$S(j\omega,\boldsymbol{p}) = \left.\frac{\partial F(j\omega,\boldsymbol{p})}{\partial \boldsymbol{p}}\right|_{\boldsymbol{p}=\boldsymbol{p}_0}. \tag{1.6}$$

Dans le domaine temporel, la fonction de sensibilité $S(t,\boldsymbol{p})$ est définie par la dérivée partielle de la sortie du système $y_m(t,\boldsymbol{p})$ par rapport aux différents paramètres $\boldsymbol{p}$:

$$S(t,\boldsymbol{p}) = \left.\frac{\partial y_m(t,\boldsymbol{p})}{\partial \boldsymbol{p}}\right|_{\boldsymbol{p}=\boldsymbol{p}_0}. \tag{1.7}$$

La représentation fréquentielle est parfois préférée puisqu'il s'agit du rapport de la sortie sur l'entrée qui ne dépend donc plus de cette dernière. Cette fonction est évaluée localement autour des paramètres nominaux ($\boldsymbol{p} = \boldsymbol{p}_0$) et pour cette raison l'étude de sensibilité ne peut être considérée strictement comme une propriété structurelle.

La fonction de sensibilité est à la base de nombreux critères tels que le calcul du gradient, le calcul du Hessien et la matrice d'information de Fisher. Ainsi, cette étude est une première analyse nous permettant de garantir un contexte favorable à l'estimation des paramètres.

L'étude de sensibilité s'intéresse exclusivement à la sensibilité de la structure de modèle à une variation de paramètres. Il est indispensable de tenir compte du contexte expérimental utilisé. En effet, en fonction de la richesse fréquentielle du signal d'excitation, nous ne sommes pas toujours en mesure d'exciter la plage de fréquence correspondant à la plage de sensibilité d'un paramètre. Il est donc essentiel d'éviter la « sur modélisation », en vérifiant la sensibilité des paramètres de la structure de modèle par rapport à la plage fréquentielle du signal d'excitation.

1.2.3 Contraintes liées au domaine d'application

Dans la littérature, les propriétés structurelles sont souvent considérées dans un contexte idéalisé. Lorsque nous cherchons à appliquer les notions d'identifiabilité et de discernabilité à notre modèle, nous supposons alors que nous n'avons aucune erreur de modélisation, ce qui n'est souvent pas vérifié.

Lorsque nous cherchons à évaluer une structure de modèle quantifiée par rapport au système réel, nous utilisons une représentation mathématique de l'écart entre le modèle et le système. Pour cela, nous définissons les termes de distance de paramètres et de distance d'état. La distance de paramètres est exprimée à partir des paramètres du modèle et du système comme par exemple :

$$D_p(\boldsymbol{p}) = \frac{1}{n_p} \sum_{i=1}^{n_p} \left(\boldsymbol{p_s}(i) - \boldsymbol{p_m}(i)\right)^2, \tag{1.8}$$

où $\boldsymbol{p_s}$ et $\boldsymbol{p_m}$ correspondent respectivement aux paramètres du système et du modèle. Bien que ce critère, sur un plan théorique, réponde bien au problème d'identification, sur le plan pratique, l'utilisation de cette distance nécessite la connaissance des valeurs des paramètres du système. Or si nous avions les valeurs des paramètres du système nous n'aurions pas besoin de réaliser l'identification du système. Alors, classiquement une distance d'état est définie et correspond à la différence de comportement entre le modèle et le système, comme par exemple :

$$D_e(\boldsymbol{p}) = \frac{1}{N} \sum_{t=1}^{N} \left(y_s(t) - y_m(t,\boldsymbol{p})\right)^2, \tag{1.9}$$

où y_s et y_m correspondent respectivement aux sorties du système et du modèle. Lors de la quantification de la structure de modèle, nous cherchons les paramètres qui minimisent la distance d'état. Mais l'utilisation de la distance d'état nous rend dépendant du signal d'entrée et sa minimisation ne garantit pas la minimisation de la distance de paramètres. Pour illustrer cette dernière remarque, prenons l'exemple de l'estimation des paramètres de représentation d'un système du premier ordre, à savoir le gain statique K et la constante de temps τ. Nous définissons une distance d'état et nous utilisons un signal constant comme excitation de notre système. Nous sommes donc en mesure de trouver un jeu de paramètres qui minimise la distance d'état. Mais comme aucune dynamique n'est contenue dans le signal d'excitation, nous savons qu'il est impossible d'estimer correctement la constante de temps du système. Si nous traçons sur un graphique l'évolution de la valeur numérique de la distance d'état en fonction des valeurs prises pour K et τ, nous obtenons la figure 1.3. Nous pouvons observer des courbes d'isodistance qui correspondent chacune à une même valeur numérique de la distance d'état. Ceci engendre le fait qu'il peut exister une multitude de solutions pour les paramètres K et τ qui se trouvent à une même distance du minimum de la distance d'état. Ainsi, même en se situant sur la courbe d'isodistance la plus proche du minimum de la distance d'état, nous ne pouvons pas garantir que le jeu de paramètres obtenu est identique à celui du système, donc la distance de paramètres n'est pas minimisée.

Une autre source d'erreurs de modélisation est la non considération de la variation des paramètres au cours du temps (en raison par exemple d'une usure ou d'une dérive). Par exemple, lors de la modélisation de la dynamique d'un système, nous partons généralement des principes fondamentaux de la dynamique que nous appliquons au centre de gravité. Même si nous avons les moyens de localiser le centre de gravité statiquement ; lors de mouvements, un report de charge engendre un déplacement de ce centre de gravité qui n'est pas souvent évident à considérer dans la modélisation. De même, les mesures du capteur placé au centre de gravité statique ne sont plus représentatives de la dynamique étudiée. La garantie d'une bonne stratégie d'identification ne permettra pas dans ce cas, de minimiser l'erreur commise lors de la modélisation. Dans

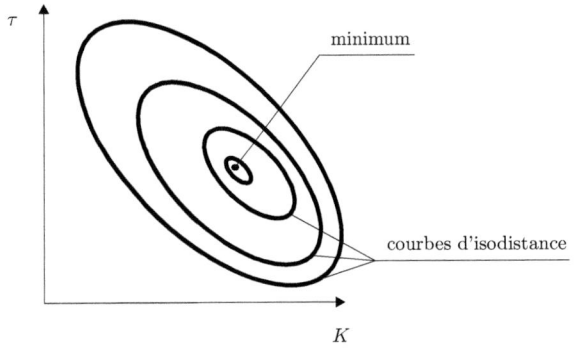

Fig. 1.3
Représentation de la distance d'état pour le système du premier ordre

Ninness et Goodwin (1995) ; Landau et Besançon-Voda (2001), nous retrouvons cette erreur sous l'appellation erreur de biais ou erreur systématique (figure 1.4).

Une troisième source d'erreur est l'absence de considération des erreurs systématiques ou non systématiques. Il s'agit souvent d'une perturbation interne ou externe au système qui n'est pas modélisée. La nuance entre les erreurs systématiques et les erreurs non systématiques réside dans le temps d'observation du phénomène. En effet, si le temps d'acquisition d'une perturbation est suffisamment long pour vérifier que cette dernière possède une valeur moyenne nulle, alors nous allons la considérer comme une erreur non systématique. Si la valeur moyenne de l'amplitude de la perturbation ne s'annule pas, alors nous aurons une erreur systématique sur l'estimation. Par exemple, dans le domaine de l'automobile, si nous ajoutons une personne et/ou des bagages dans un véhicule sans prendre en compte la variation de masse dans la modélisation, alors cet ajout de masse est considéré comme une erreur systématique de variance nulle. Les bruits de mesures sur les capteurs, quant à eux, sont considérés comme des erreurs non systématiques puisque leurs valeurs sont aléatoires. L'influence du vent, de la pente ou du dévers de la route sur le comportement global du véhicule est considérée comme une erreur systématique. Ces influences ne sont pratiquement jamais modélisées car, pour la pente et le dévers, peu de capteurs embarqués sont capables de les mesurer correctement, et en ce qui concerne le vent, son intensité et sa direction sont variants et la modélisation de son impact sur le véhicule est très délicate. Finalement, une erreur de structure est présente dès lors que des erreurs systématiques ne sont pas négligeables.

Les perturbations aléatoires sont également connues sous le nom d'erreur de variance (Ninness et Goodwin, 1995 ; Landau et Besançon-Voda, 2001). L'erreur de variance peut être produite par le bruit de mesure ou bien par une sur-modélisation. Pour remédier à cette erreur de modélisation, généralement inconnue, il faut utiliser plusieurs modèles, avec des degrés de complexité différents et comparer l'erreur commise sur les données d'un même essai (Nelles, 2001).

Un compromis doit donc être réalisé entre la complexité du modèle et son pouvoir prédictif. Le choix du modèle « juste » en reste donc délicat. Selon van der Bosch (1997), la perspective

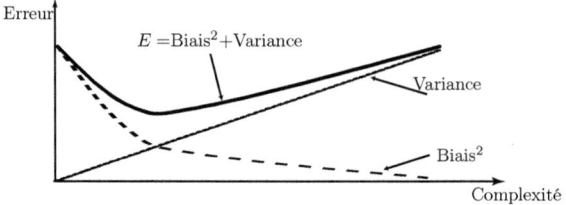

Fig. 1.4
Influence de la complexité sur l'erreur de modélisation

L'erreur de biais diminue et l'erreur de variance augmente lorsque la complexité grandit ; l'erreur totale qui en résulte a tendance dans une première phase à diminuer avec l'erreur de biais puis augmente proportionnellement à l'erreur de variance.

d'étude doit être adaptée au domaine étudié en acceptant la richesse et la complexité des systèmes réels, avec « une certaine imprécision et une imprécision certaine ».

Comme nous allons le voir dans le chapitre suivant, il est également indispensable de considérer la faisabilité du protocole d'essai lors du compromis entre complexité et pouvoir prédictif. En effet, lors de la modélisation d'un système, il est nécessaire de prévoir les conséquences de la modélisation par rapport à un contexte de limitation de la quantité d'information nécessaire en raison d'une limitation de la faisabilité des expériences réalisées sur le système.

1.3 IDENTIFICATION

L'identification paramétrique des systèmes consiste à fournir une valeur numérique aux paramètres d'une structure de modèle pour que son comportement soit le plus proche de celui du système, et ceci à partir des données recueillies sur le système. L'identification de manière générale est largement développée dans de nombreux ouvrages de référence tels que Söderström et Stoica (1989), Schoukens et al. (1994), Walter (1987), Ljung (1999), Trigeassou et al. (2003), Poinot et al. (2005), Najim (2006) ou encore De Larminat (2007). Lorsqu'il s'agit de traiter le cas spécifique de l'identification de systèmes physiques complexes, tel que le véhicule automobile, la littérature est moins abondante, mais nous pouvons nous référer, entre autres, aux travaux développés dans Chamaillard (1996), Schmitt (1999), Venture (2003) ou Abdellatif et Heimann (2005).

Nous distinguons les méthodes d'identification directes et indirectes. Les méthodes directes cherchent l'obtention des valeurs des paramètres par une mesure sur l'objet qu'il caractérise. Par exemple, la masse du véhicule est un paramètre important de tout modèle de dynamique du véhicule. Son estimation est souvent réalisée directement par la mesure du poids du véhicule par l'intermédiaire de balances. Les méthodes indirectes, quant à elles nécessitent l'utilisation d'une modélisation du système et la mesure des signaux d'entrées-sorties pour l'estimation des paramètres, car ils ne sont pas ou ne peuvent pas être directement mesurés. Par la suite, nous allons nous intéresser à la présentation des méthodes indirectes retenues pour l'identification des paramètres d'un modèle de comportement transversal du véhicule.

Lorsqu'une structure de modèle est choisie, la phase d'identification de systèmes peut être définie à partir de grandes étapes :

- **définition d'un protocole d'essais** : pour le recueil d'informations sur le système ;
- **définition d'un critère de coût** : expression mathématique permettant de représenter la distance de comportement entre le système et le modèle ;
- **estimation des paramètres** : recherche des valeurs des paramètres permettant de minimiser le critère de coût ;
- **validation** : évaluation de la performance du modèle avec les paramètres estimés.

Si la phase de validation met en valeur la mauvaise qualité du modèle, il faut revenir sur l'une des étapes mais également sur le choix de la structure de modèle.

1.3.1 Protocole d'essais

Cette étape est réalisée dans un but précis et demande une maîtrise des conditions d'expérience. Un processus de prélèvement de données sur le système doit être établi en agissant sur ses entrées (Bourges et al., 2003 ; Cellier, 1991). Le protocole d'essai va servir à deux reprises dans la phase d'identification : l'estimation des paramètres et la validation du modèle. Son importance est donc fondamentale. Selon Zami (2005), elle se décompose en trois parties : protocole d'avant essais, protocole d'essais et protocole d'après essais.

1.3.1.1 Protocole d'avant essais

Concrètement, lors de la définition du protocole d'avant essais, nous allons vérifier si la stratégie définie pour les essais répond au problème d'identification posé. Il est nécessaire dans un premier temps de faire le bilan des grandeurs à mesurer. Dans ces grandeurs, nous distinguons les entrées-sorties du système et les grandeurs d'influence relatives à l'environnement. Concernant les entrées-sorties, nous vérifions que les capteurs utilisés soient les plus adaptés, que ce soit pour les performances mais également pour leur emplacement sur le système. Cette étape confirme également le choix des entrées-sorties initialement prévu lors de la modélisation. Pour les grandeurs d'influence telles que la température extérieure, la vitesse du vent, l'état de la route (sèche, mouillée, enneigée), qui ne sont généralement pas considérées dans la modélisation, nous devons les prélever afin de vérifier les conditions de répétabilité des essais. Enfin, il est important d'évaluer et de considérer les incertitudes sur les grandeurs à mesurer. Le choix de la fréquence d'échantillonnage, le choix des filtres à utiliser, tel que le filtre anti-repliement sont également d'une importance capitale.

Le protocole d'avant essais inclut également le choix de l'excitation appliquée au système. Une analyse de sensibilité du modèle met en valeur des fréquences qu'il est nécessaire d'atteindre dans l'excitation du système pour se placer dans les meilleures conditions possibles. Il est alors nécessaire d'évaluer ce qu'il est possible de réaliser comme excitation sur le système et de composer le signal d'excitation. Pour le cas du véhicule, nous savons que l'excitation principale est réalisée par le conducteur à travers les consignes d'angle au volant et d'accélération/freinage. Nous devons alors proposer une excitation qui tienne compte des limitations physiques du conducteur, des fréquences à exciter et de la piste sur laquelle les essais ont lieu. Il est fondamental de tenir compte de ces limitations dans la suite du processus.

1.3.1.2 Protocole d'essais

Le protocole d'essais contient la vérification de l'ensemble du matériel et des logiciels de mesure utilisés. Des premiers tests peuvent être réalisés pour vérifier la pertinence des voies de mesures choisies ainsi que la qualité de la chaîne d'acquisition complète. Pour de longues campagnes d'essais, il est conseillé d'utiliser les outils de dépouillement de manière régulière, pour s'assurer du bon fonctionnement des voies de mesure. Concernant les perturbations sur les voies de mesure, il est indispensable de faire l'acquisition des signaux des capteurs lorsque le système est en marche mais aucune excitation n'est appliquée. Pour le véhicule, chaque essai commence par une acquisition de toutes les voies de mesure lorsque le véhicule est à l'arrêt avec le moteur allumé pendant 5 à 10s, puis nous avançons à vitesse constante en ligne droite pendant 5 à 10s, et suite à ces mesures préliminaires les essais peuvent débuter. Il est alors utile de réaliser ces étapes en enregistrant toutes les mesures dans un unique fichier afin de simplifier leur dépouillement.

1.3.1.3 Protocole d'après essais

Le protocole d'après essais englobe le prétraitement et l'analyse des mesures. Le prétraitement est déterminant dans le sens où il va permettre d'obtenir des données exploitables pour la suite de l'identification. Cette phase inclut l'affectation des voies de mesures, la mise aux normes des mesures (expression des mesures dans le système international), le filtrage et l'analyse des gains et des offsets. Dans cette étape, nous corrigeons les composantes continues, les dérives. Les deux dernières étapes sont facilitées si pour chaque début d'essai, l'acquisition des bruits de mesures a été réalisée. L'analyse des mesures permet de vérifier si les signaux obtenus sont en accord avec nos attentes. Cette phase nécessite une expérience suffisante pour déterminer si le signal mesuré est en accord avec le comportement du système. Il est alors possible, par exemple dans le cas du véhicule, de demander au pilote si son ressenti lors de l'essai est en accord avec les mesures.

La phase de protocole d'après essais permet finalement d'obtenir des fichiers de mesure directement exploitables pour la suite de l'identification.

1.3.2 Critère de coût

Lors de la phase d'identification, nous avons recours à la définition d'une fonction qui caractérise l'écart entre le modèle et le système. Cette fonction se nomme généralement critère de coût.

Comme nous l'avons déjà mentionné, seules les distances d'état peuvent être utilisées en pratique. Nous allons présenter deux critères de type distance d'état, souvent employés dans la littérature : le critère quadratique et le critère en valeur absolue. Le critère de coût est une fonction scalaire des paramètres du modèle. La valeur optimale des paramètres ou estimateur des paramètres dépendra donc de sa définition.

1.3.2.1 Critère quadratique des moindres carrés

Les critères quadratiques sont les critères les plus utilisés en raison de leur simplicité de mise en œuvre. Ils peuvent se formuler sous la forme :

$$j_{MC}(\boldsymbol{p}) = e^T(\boldsymbol{p}) Q e(\boldsymbol{p}), \tag{1.10}$$

où Q est une matrice de pondération et e caractérise l'erreur entre la réponse du système et la réponse calculée par le modèle :

$$e(\boldsymbol{p}) = y_s - y_m(\boldsymbol{p}). \tag{1.11}$$

Le critère de type moindres carrés, utilisé dans ce rapport est formulé comme suit :

$$j_{MC}(\boldsymbol{p}) = \frac{1}{N} \sum_{t=1}^{N} (y_s(t) - y_m(t,\boldsymbol{p}))^T Q (y_s(t) - y_m(t,\boldsymbol{p})). \tag{1.12}$$

1.3.2.2 Critère en valeur absolue

Il existe une alternative à l'utilisation du critère quadratique : le critère en valeur absolue :

$$j_{VA}(\boldsymbol{p}) = \frac{1}{N} \sum_{t=1}^{N} w_j |y_s(t) - y_m(t,\boldsymbol{p})|. \tag{1.13}$$

Par rapport au critère quadratique, ce critère pénalise moins fortement les grandes erreurs. Il est donc moins sensible aux points aberrants. Son inconvénient majeur est sa solution mathématique qui est beaucoup plus complexe que celle du critère des moindres carrés et elle n'est obtenue que numériquement, en raison du caractère non différentiable du critère localement. De plus, la solution numérique peut ne pas être unique. Par exemple, comme nous pouvons le trouver dans les travaux de Walter et Pronzato (1997), le critère $j(p) = |p| + |p - 3|$ est minimisé pour $p \in [0,3]$.

Nous choisissons dans la suite de ce mémoire le critère quadratique. Pour résoudre le problème de l'influence des points aberrants, nous allons présenter le principe de « robustification » du critère.

1.3.2.3 « Robustification » des estimateurs

Afin de minimiser l'influence des erreurs aberrantes, diverses techniques provenant de la statistique sont développées dans divers travaux tels que Söderström et Stoica (1989), Ljung (1999) et Gnadadesikan (1997), comme par exemple les M-estimateurs. Le principe de ces derniers est de minimiser l'influence des données aberrantes en remplaçant la pondération quadratique de l'erreur d'estimation dans le critère de coût par une autre fonction de l'erreur d'estimation définie par :

$$j_{ROB}(\boldsymbol{p}) = \sum_{t=1}^{N} \rho(y_s(t) - y_m(t,\boldsymbol{p})), \qquad (1.14)$$

où ρ est une fonction symétrique définie positive ayant pour unique minimum 0. Cette fonction est habituellement choisie de croissance inférieure à celle de la fonction quadratique. Une fonction d'influence Ψ lui est associée et est définie comme étant sa dérivation :

$$\Psi(x) = \frac{\partial \rho(x)}{\partial x}. \qquad (1.15)$$

La fonction Ψ quantifie l'influence d'une donnée sur le critère de coût. De nombreuses fonctions ρ et Ψ ont été développées comme les fonctions de Cauchy, Welsh, Tukey, Huber, Ljung,...

Nous allons présenter plus en détail l'une d'entre elles, la fonction de Ljung. Les fonctions ρ et Ψ sont définies par :

$$\rho(x) = \begin{cases} x^2 & \text{si}|x| \leq \delta \\ \dfrac{\delta x^2}{|x|} & \text{sinon} \end{cases}, \qquad (1.16)$$

$$\Psi(x) = \begin{cases} 2x & \text{si}|x| \leq \delta \\ 2\delta \text{sgn}(x) & \text{sinon} \end{cases}, \qquad (1.17)$$

où $\delta = \lambda \hat{\sigma}$ et $1 \leq \lambda \leq 1.8$.

$\hat{\sigma}$ est un estimateur robuste de l'écart-type des erreurs vis-à-vis de données aberrantes :

$$\hat{\sigma} = \frac{\text{med}(|x - \text{med}(x)|)}{0.7}, \qquad (1.18)$$

où med(x) représente la valeur médiane du vecteur x.

Un exemple d'application de cette forme de « robustification » ainsi que d'autres sont présents dans Schmitt (1999). Les discontinuités de la dérivée première de la fonction de « robustification » de Ljung peuvent poser des problèmes numériques aux méthodes d'optimisation du premier et du second ordre qui utilisent le gradient ou le Hessien du critère de coût. Cette fonction est tout de même très efficace lorsque l'amplitude des données aberrantes est largement supérieure à celle des autres données. Dans le cas d'aberrations de faibles amplitudes, il est préférable d'utiliser d'autres critères de coût tels que le critère des moindres modules ou le critère de la médiane des carrés de l'erreur d'estimation, ou d'effectuer un filtrage préalable sur les données.

1.3.3 Estimation

Dans cette partie, nous supposons que le problème structurel mis en valeur dans la partie 1.2.3 est résolu, que le signal d'excitation est suffisamment riche en fréquence pour exciter les dynamiques de la structure de modèle et enfin qu'aucune erreur systématique n'agit sur le système. Ainsi, seules les perturbations peuvent poser problème dans la recherche de la minimisation du critère de coût précédemment présenté.

1.3.3.1 Discussion des méthodes d'estimation

Les méthodes d'estimation vont différer selon la connaissance *a priori* disponible sur le système et la structure de modèle choisie. La figure 1.5 présente un classement d'estimateurs en fonction de certaines propriétés.

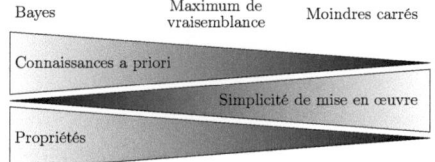

Fig. 1.5
Classification des principaux estimateurs,
(Eykhoff, 1974)

Pour une présentation mathématique plus explicite des différents critères, voici quelques notations utilisées tout au long de cette partie :

- y_s représente le vecteur contenant les N mesures expérimentales utilisées pour l'estimation du vecteur de paramètres $\boldsymbol{p}$;
- $y_m(\boldsymbol{p})$ correspond au vecteur de quantités calculées par le modèle $M(\boldsymbol{p})$;
- $\pi_y(y_s|\boldsymbol{p})$ correspond à la vraisemblance des observations y_s.

a. Estimateur des moindres carrés

L'estimateur des moindres carrés possède une solution analytique si le modèle est linéaire par rapport au paramètre. Cette solution analytique est présentée dans de nombreux travaux tels que Albert (1972) ; Atkinson (1985) ; Press *et al.* (1986). Dans le cas d'un modèle non paramétrique telles que les réponses impulsionnelles ou fréquentielles, nous pouvons formuler une équation d'estimation linéaire par rapport aux paramètres et nous savons que la solution est non biaisée

(Isermann, 1992). Pour un modèle paramétrique, la formulation linéaire par rapport aux paramètres filtre le bruit ramené à la sortie, ce qui provoque un biais sur la solution analytique. L'optimum sera $p_0 + \Delta p$, avec p_0 l'optimum global et Δp le biais qui dépend des caractéristiques du bruit. L'amplitude du biais est proportionnelle à la racine carrée de la variance du bruit de mesure.

Il est également possible d'obtenir une solution numérique pour l'estimateur des moindres carrés, lorsque le modèle n'est pas linéaire par rapport aux paramètres. En réalisant une estimation en boucle ouverte, la solution numérique est non biaisée (Zhu et Backx, 1993). L'utilisation des méthodes numériques, dont certaines sont présentées dans la partie 1.3.3.2 entraîne la présence de minima locaux et augmente considérablement le temps de calcul pour l'obtention de la solution. Nous verrons par la suite, que les algorithmes génétiques pourront remédier au problème de minima locaux mais en augmentant davantage le temps de calcul.

b. Estimateur de maximum de vraisemblance

Si nous prenons un estimateur des moindres carrés auquel nous ajoutons une hypothèse sur le bruit de mesure, nous obtenons un estimateur de maximum de vraisemblance. Pour des raisons de traitement mathématique, nous supposons que le bruit est blanc et de distribution gaussienne afin d'obtenir une application pratique facilitée.

$\hat{p}_{MV}$ est un estimateur au sens du maximum de vraisemblance s'il maximise le critère :

$$j_{MV}(\boldsymbol{p}) = \pi_y(y_s|\boldsymbol{p}). \tag{1.19}$$

La méthode du maximum de vraisemblance consiste à chercher $\boldsymbol{p}$ qui attribue aux données observées la plus grande vraisemblance. Pour formuler explicitement le critère du maximum de vraisemblance, supposons que y_s soit entaché d'un bruit gaussien de moyenne nulle et de densité de probabilité π_ε. La fonction de vraisemblance s'exprime alors sous la forme :

$$\pi_y(y_s|\boldsymbol{p}) = \prod_{t=1}^{N} \pi_\varepsilon \left(y_s - y_m(t,\boldsymbol{p}) \right). \tag{1.20}$$

En pratique, il est souvent plus facile de chercher $\hat{p}_{MV}$ en maximisant la log-vraisemblance :

$$\ln \pi_y(y_s|\boldsymbol{p}) = \sum_{t=1}^{N} \ln \pi_\varepsilon \left(y_s - y_m(t,\boldsymbol{p}) \right). \tag{1.21}$$

Les estimateurs du maximum de vraisemblance possèdent les propriétés suivantes. Ils sont :

- asymptotiquement convergents : la valeur de l'estimateur converge vers la vraie valeur si le nombre de mesures croît à l'infini ;
- asymptotiquement efficaces : la variance de l'estimateur tend vers 0 lorsque le nombre d'expériences tend vers l'infini.

c. Estimateurs de Bayes

L'approche du maximum de vraisemblance considère le vecteur de paramètres $\boldsymbol{p}$ comme inconnu mais constant. Les approches bayesiennes considèrent $\boldsymbol{p}$ comme un vecteur aléatoire, de densité de probabilité *a priori* supposée connue et notée $\pi_p(\boldsymbol{p})$. La densité de probabilité de $\boldsymbol{p}$ *a posteriori* se calcule à partir de la *règle de Bayes* :

$$\pi_p(\boldsymbol{p}|y_m) = \frac{\pi_y(y_s|\boldsymbol{p})\pi_p(\boldsymbol{p})}{\pi_y(y_s)}. \tag{1.22}$$

Pour le calcul de la densité de probabilité de $\boldsymbol{p}$, il suffit d'exprimer $\pi_y(y_s|\boldsymbol{p})$ comme pour le critère du maximum de vraisemblance et de disposer de $\pi_p(\boldsymbol{p})$ qui traduit la connaissance *a priori* sur les paramètres.

Les estimateurs de Bayes sont non biaisés et efficaces. Ils sont en principe les plus intéressants car ils utilisent l'information maximale. Mais celle-ci (en particulier la densité a priori $\pi_p(\boldsymbol{p})$) n'est pas toujours disponible, et il faut alors recourir à des estimateurs sous-optimaux comme l'estimateur du maximum de vraisemblance.

d. Synthèse

En supposant qu'aucune erreur structurelle n'est présente, les connaissances *a priori* sur le système, à savoir le bruit et les paramètres, sont déterminants dans le choix de l'estimateur.

Dans le contexte de l'identification de la dynamique transversale du véhicule, nous ne possédons que très peu de connaissance sur la nature des perturbations et celles sur les paramètres sont très incertaines. Ainsi, nous utiliserons un estimateur des moindres carrés. La structure étant non linéaire par rapport aux paramètres, nous allons nous intéresser à la recherche d'une solution numérique.

1.3.3.2 Algorithme d'optimisation

Nous venons d'énoncer dans les aspects généraux de l'identification, les outils permettant d'évaluer un modèle par rapport au système étudié. Nous avons mis en valeur l'utilisation d'une fonction représentant l'écart de comportement entre la sortie du système et la sortie du modèle. La tâche de la phase d'optimisation est de minimiser cette fonction de coût ou indirectement de trouver l'estimateur des paramètres en minimisant le critère de coût.

Le principe d'un algorithme d'optimisation est de progresser itérativement dans l'espace paramétrique, dans des directions choisies de manière à converger vers l'optimum local. La loi d'évolution du vecteur de paramètre p peut se formuler de la manière suivante :

$$\hat{\boldsymbol{p}}(k+1) = \hat{\boldsymbol{p}}(k) + \alpha(k)\boldsymbol{d}(k), \tag{1.23}$$

où $d(k)$ est la direction de recherche à l'itération k et $\alpha(k)$ est le pas de progression dans cette direction. Les différents algorithmes d'optimisation diffèrent par le choix du vecteur d et du paramètre α et de l'ordre de la dérivation utilisé pour mettre à jour les paramètres. Nous pouvons alors distinguer les méthodes directes, les méthodes de premier ordre et les méthodes de second ordre. Les méthodes directes, comme la méthode de Gauss ou la méthode du simplex ne nécessitent aucun calcul de dérivée. Les méthodes du premier ordre utilisent les dérivées partielles premières, nous les retrouvons également sous le nom de méthodes du gradient. Enfin, les méthodes d'ordre second, comme les algorithmes de Newton, Gauss-Newton ou encore de Levenberg-Marquardt utilisent le gradient et le Hessien (dérivée partielle d'ordre 2) du critère. De façon raccourcie, nous qualifions généralement les méthodes du premier ordre comme lentes en raison de leur vitesse de progression vers l'optimum et celles du second ordre comme rapides mais pouvant être instables en raison des évaluations numériques du Hessien. Nous retrouvons, dans la littérature, ces différents algorithmes sous l'appellation algorithme de type grimpeurs.

Nous présentons les deux méthodes utilisées dans ces travaux, à savoir l'algorithme du simplex et la méthode de Gauss-Newton. L'algorithme du simplex est réputé pour être robuste (Press et al., 1986), en revanche, pour inconvénient, il nécessite un nombre important d'évaluations de la fonction objectif, et ceci est d'autant plus important que l'espace de recherche grandit. La méthode de Gauss-Newton quant à elle, est très rapide mais souffre de problèmes d'instabilité numériques.

a. **Algorithme de type grimpeur : la méthode des simplex**

La méthode des polyèdres flexibles ou simplex évolue dans l'espace paramétrique par construction successive d'un polyèdre à $m+1$ sommets, où m est la dimension de l'espace de recherche. À chaque itération, le sommet du polyèdre présentant la valeur objectif la plus élevée est remplacé par un point de valeur objectif plus faible dans le cas d'une minimisation.

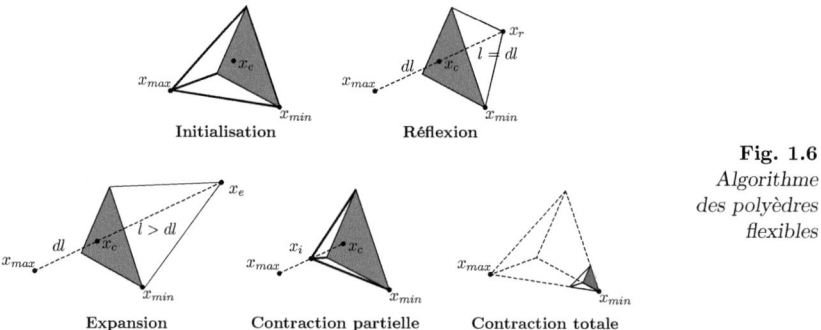

Fig. 1.6
Algorithme
des polyèdres
flexibles

Illustration des cinq transformations géométriques élémentaires de la méthode du simplex pour une dimension de l'espace de recherche $m = 3$.

Pour cela, trois étapes sont à distinguer (figure 1.6) :

Expansion : si un nouveau point généré au cours de la recherche paramétrique est meilleur, (c'est-à-dire que la valeur de la fonction objectif est plus faible) que tous les sommets actuels du polyèdre, un nouveau sommet (x_e) est créé dans la même direction.

Contraction : si au contraire, le point généré est plus éloigné du minimum (c'est-à-dire que la valeur de la fonction objectif est plus grande) que les autres sommets actuels du polyèdre, un nouveau sommet est créé entre le centre du polyèdre (x_c) et le plus mauvais sommet (x_{max}) dans la même direction.

Réflexion : si le nouveau point n'est pas le meilleur parmi tous les sommets mais qu'il est tout de même plus proche du minimum que l'un des sommets (x_{max}), alors un sommet (x_r) est créé grâce à une symétrie de centre (x_c) à partir de (x_{max}).

L'itération de l'algorithme permet de localiser le minimum local d'une fonction dans un espace paramétrique multidimensionnel.

b. Algorithme de type grimpeur : la méthode de Gauss-Newton

Cet algorithme est souvent utilisé pour des critères formulés sous forme d'une somme d'une erreur quadratique, comme c'est le cas pour notre fonction de coût. Le principe est d'utiliser un développement limité au second ordre, mais en consentant une approximation du Hessien, afin d'augmenter la vitesse de calcul. Pour un critère donné $j(\boldsymbol{p})$, les expressions analytiques du gradient $g(\boldsymbol{p})$ et du Hessien $H(\boldsymbol{p})$ sont :

$$j(\boldsymbol{p}) = \frac{1}{N} \cdot \sum_{k=1}^{N} [y_s(k) - y_m(k,\boldsymbol{p})]^2 = \frac{1}{N} \cdot \sum_{k=1}^{N} e^2(k,\boldsymbol{p}), \tag{1.24}$$

$$g(\boldsymbol{p}) = \frac{\partial j(\boldsymbol{p})}{\partial \boldsymbol{p}} = \frac{1}{N} \sum_{k=1}^{N} \frac{\partial e(k,\boldsymbol{p})}{\partial \boldsymbol{p}} \cdot e(k,\boldsymbol{p}), \tag{1.25}$$

$$\begin{aligned} H(\boldsymbol{p}) &= \frac{\partial^2 j(\boldsymbol{p})}{\partial \boldsymbol{p} \cdot \partial \boldsymbol{p}^T} = \frac{\partial g(\boldsymbol{p})}{\partial \boldsymbol{p}^T}, \\ H(\boldsymbol{p}) &= \frac{1}{N} \sum_{k=1}^{N} \frac{\partial e(k,\boldsymbol{p})}{\partial \boldsymbol{p}} \cdot \frac{\partial e(k,\boldsymbol{p})}{\partial \boldsymbol{p}^T} + \frac{1}{N} \sum_{k=1}^{N} e(k,\boldsymbol{p}) \cdot \frac{\partial^2 e(k,\boldsymbol{p})}{\partial \boldsymbol{p} \cdot \partial \boldsymbol{p}^T} \end{aligned} \tag{1.26}$$

Dans le cas de Gauss-Newton, nous approximons le calcul du Hessien par :

$$H(\boldsymbol{p}) \approx H_a(\boldsymbol{p}) = \sum_{k=1}^{N} \frac{\partial e(k,\boldsymbol{p})}{\partial \boldsymbol{p}} \cdot \frac{\partial e(k,\boldsymbol{p})}{\partial \boldsymbol{p}^T}. \tag{1.27}$$

L'évolution des paramètres est alors définie par :

$$\hat{p}(k+1) = \hat{p}(k) - \lambda_k \boldsymbol{H_a}^{-1}(\boldsymbol{p}(k)) \cdot g(\boldsymbol{p}(k)), \tag{1.28}$$

Comme pour la plupart des algorithmes de type grimpeur d'ordre 2, la difficulté réside dans l'évaluation numérique du Hessien et de son inversion. Pour des raisons de stabilité numérique, l'implémentation de la méthode de Gauss-Newton n'est pas réalisée en suivant les équations analytiques présentées dans (1.26). En effet, la méthode implique l'inversion d'une matrice comportant des éléments au carré qui est problématique lorsque la matrice est mal conditionnée. Nous procédons alors au calcul du Hessien ainsi qu'à son inversion, en utilisant la matrice jacobienne ainsi que la décomposition QR de la matrice jacobienne. En algèbre linéaire, la décomposition QR (appelée aussi, décomposition QU) d'une matrice A est une décomposition de la forme $A = QR$ où Q est une matrice orthogonale ($QQ^T = I$), et R une matrice triangulaire supérieure. Il existe plusieurs méthodes pour réaliser cette décomposition qui sont présentées dans Golub et Van Loan (1996) :

- la méthode de Householder où Q est obtenue par produits successifs de matrices orthogonales élémentaires ;
- la méthode de Givens où Q est obtenue par produits successifs de matrices de rotation plane ;
- la méthode de Gram-Schmidt.

Dans nos travaux, notre intérêt est l'obtention d'un vecteur de paramètres, ainsi le résultat de l'optimisation doit fournir un optimum absolu. Lorsque nous utilisons un algorithme de type grimpeur que nous initialisons dans un bassin d'attraction, nous obtenons le minimum du bassin d'attraction. L'algorithme ne peut pas trouver un autre minimum en dehors du bassin d'attraction. La qualité de l'estimation dépend alors plus de l'initialisation de l'algorithme que de son fonctionnement. En fonction du critère de coût, il est possible d'avoir différents bassins d'attractions ayant chacun un minimum qualifié de local. Dans ce cas, il est préférable d'envisager l'utilisation d'algorithmes d'optimisation globaux qui permettent d'explorer l'ensemble de l'espace paramétrique afin de trouver le minimum global. Parmi les algorithmes globaux, nous pouvons citer les méthodes ensemblistes (Jaulin et Walter, 1993 ; Kieffer et al., 2001 ; Bouron, 2002 ; Cherrier et Ragot, 2002) qui proposent une estimation par le biais d'intervalles délimitant les valeurs des paramètres. Il existe également les algorithmes globaux inspirés de la génétique ou plus particulièrement des lois d'évolution (Fogel et al., 1966 ; Rechenberg, 1973 ; Holland, 1992). Cette dernière approche est présentée dans le paragraphe suivant.

c. Algorithme génétique

Les premières versions d'algorithmes génétiques (AG) sont des méthodes de recherche stochastiques qui s'inspirent des mécanismes de l'évolution naturelle pour trouver les solutions d'un problème d'optimisation.

Soit une population de plusieurs individus d'une espèce évoluant dans un certain environnement. Les individus ne sont pas identiques mais chacun comporte, dans une certaine mesure, des différences. Le problème qui se pose à cette population est la survie de l'espèce dans cet environnement. En fonction de sa capacité d'adaptation, chaque individu est une solution plus ou moins adéquate au problème de survie et la population est un échantillon des solutions possibles. En cas d'échec d'un individu, il existe suffisamment de redondance pour assurer la survie de l'espèce. Un individu non adapté à l'environnement à un instant donné, peut devenir adéquat dans le futur en raison d'une modification de l'environnement. Ainsi, il est indispensable de ne pas obtenir un appauvrissement exagéré. Le principe de survie est commun à toutes les espèces et il a donné lieu à l'évolution qui ne consiste pas en la création d'une solution unique et définitive, mais à des solutions capables de s'adapter à un environnement changeant.

L'évolution se fait d'une génération à l'autre. L'évolution n'agit pas directement sur l'individu en le modifiant au fur et à mesure, mais elle agit uniquement sur le génome, c'est-à-dire, les plans de constructions des individus. Ceci implique l'existence d'un processus de reproduction de nouveaux individus. Pour cela, deux mécanismes de reproduction se sont développés : les reproductions asexuée et sexuée. La première se fait au niveau d'un individu et la seconde nécessite deux individus.

L'évolution agit par deux mécanismes différents sur le génome :

Recombinaison : (ou cross-over) elle a lieu lors de la reproduction sexuée. Il s'agit d'un échange aléatoire et limité de gènes. La recombinaison permet d'échanger ou non, de bons ou mauvais gènes existants, mais ne peut pas en créer de nouveaux.

Mutation : elle a lieu lors de la reproduction sexuée et asexuée. Il s'agit d'une modification aléatoire d'un gène. Cette anomalie peut provoquer l'arrêt du processus de reproduction et engendrer des anomalies génétiques bénignes ou malignes. Plus l'espèce est évoluée plus l'évolution par mutation est rare. Seule la mutation peut générer de nouveaux gènes.

L'hypothèse de l'évolution est que plus un individu est adapté aux conditions environnementales, plus nombreuse est sa descendance. Cette hypothèse est appelée sélection naturelle.

Nous pouvons appliquer ce principe à l'optimisation en adoptant les équivalences suivantes :

- le gène correspond à un paramètre ;
- le génotype est l'ensemble des paramètres ;
- l'individu correspond à une solution potentielle ;
- la population représente l'ensemble des solutions potentielles ;

Dans le contexte de l'optimisation paramétrique, l'individu est constitué de gènes correspondant aux paramètres.

La taille de la population est un paramètre important. Pour assurer une diversité ou une hétérogénéité de la population, sa taille ne doit pas être petite. Mais plus la population est grande, plus le temps de calcul devient prohibitif.

Les étapes d'un algorithme génétique sont :

- initialisation :
    - créer une population initiale ;
    - évaluer l'adaptation de chaque individu (fonction d'adéquation) ;
- boucle sur les générations :
    - sélectionner les parents ;
    - déterminer les gènes de la descendance par recombinaison des gènes des parents ;
    - autoriser ou non des mutations aléatoires ;
    - évaluer l'adaptation de chaque individu ;
    - sélectionner les survivants (réinsertion).

Initialisation

Si aucune connaissance sur la position de l'optimum dans l'espace de recherche n'est disponible, la population initiale est générée aléatoirement selon un tirage uniforme dans l'espace de recherche défini. Les individus de chaque population sont évalués par une fonction d'adéquation.

Fonction d'adéquation

La première étape consiste alors à évaluer l'adéquation de chaque individu à l'environnement. La valeur de la fonction objectif qui correspond à notre critère de coût, devient un indice d'adéquation de l'individu mais elle n'est qu'une valeur intermédiaire dans l'évaluation de l'adéquation. En effet, la valeur objectif est transformée par une fonction d'adéquation en un nombre réel positif. Différentes fonctions d'adéquation existent telles que l'adéquation proportionnelle ou l'adéquation basée sur le rang décrites dans Baker (1985) et Sastry *et al.* (2005). Une adéquation basée sur le rang a été préférée dans ces travaux car elle permet de converger plus rapidement vers une solution. En effet, les individus les plus adaptés à l'environnement possèdent une plus forte probabilité d'être sélectionnés pour la phase de reproduction. En revanche, il faut veiller à ne pas éliminer tous les autres afin de ne pas trop appauvrir le matériel génétique disponible.

Sélection

L'opérateur de sélection choisit les individus en fonction de leur adéquation et les duplique plusieurs fois pour obtenir un nouveau groupe d'individus (enfants). Idéalement, l'algorithme de sélection (parfois nommé reproduction) duplique chaque parent en un nombre défini par la valeur d'adéquation. Ces valeurs d'adéquation n'étant que très rarement entières, différents algorithmes convertissent ses valeurs en une population intermédiaire d'individus dénombrables.

La littérature propose différents algorithmes que nous ne détaillerons pas dans ce mémoire :

- échantillonnage stochastique avec remplacement (Goldberg, 1989) ;
- échantillonnage stochastique avec remplacement partiel (Grefenstette et Baker, 1989) ;
- échantillonnage stochastique universel (Mühlenbein et Schlierkamp-Voosen, 1993).

Nous avons choisi d'utiliser l'échantillonnage stochastique universel car il assure que chaque individu est sélectionné au moins un nombre de fois égal à la partie entière de son adéquation et au plus un nombre de fois égal à l'arrondi supérieur de sa valeur d'adéquation. À ce stade, les enfants issus de l'étape de sélection possèdent les mêmes caractéristiques que leurs parents.

Recombinaison

L'opérateur de recombinaison produit de nouveaux individus en combinant les gènes des individus sélectionnés. Ces individus sont généralement combinés deux à deux par tirage aléatoire dans la population. Les gènes de ces individus sont échangés pour assurer l'originalité des nouveaux individus.

L'opérateur de croisement découle du théorème fondamental des algorithmes génétiques (Goldberg, 1989) et est lié à l'hypothèse de reconstructabilité par blocs. Cette hypothèse suppose que toute combinaison des meilleurs individus conduit à la création d'individus aux performances supérieures aux parents initiaux. D'une génération à l'autre, les opérateurs de sélection et de recombinaison cherchent à combiner les gènes des meilleurs individus pour aboutir à une combinaison optimale. Plusieurs implémentations sont possibles et sont présentées dans Goldberg (1989) ; Booker *et al.* (1997) ; Spears (1997).

Mutation

L'opérateur de recombinaison est le moteur principal des AG mais n'est pas suffisant. En effet, cet opérateur peut conduire à un appauvrissement de la diversité génétique de la population. L'opérateur de mutation permet de remédier à cet appauvrissement.

L'opérateur de mutation agit sur les enfants en perturbant avec une amplitude et une probabilité limitée, la valeur des gènes. Le paramètre essentiel de cet opérateur est le taux de mutation. Dans Mühlenbein et Schlierkamp-Voosen (1993) et Bäck (1995), les auteurs cherchent à trouver le taux de mutation optimal, soit en le choisissant inversement proportionnel à la dimension de l'espace de recherche, soit en le considérant comme adaptatif. Nous avons choisi un taux de mutation qui permet de muter en moyenne un gène sur deux individus.

Une fois ces enfants mutés, leurs adéquations sont évaluées. Puis tout ou une partie de ces enfants est réinséré dans la population initiale.

Réinsertion

Pour garantir une taille de la population constante d'une génération à l'autre, différents schémas de réinsertion des enfants sont utilisés dans la population des parents. Les parents peuvent être remplacés en totalité ou partiellement, de façon déterministe ou aléatoire. Nous avons choisi une stratégie élitiste (déterministe) : les parents les plus faibles sont automatiquement remplacés par les meilleurs enfants. Le taux de réinsertion va essentiellement dépendre du nombre d'individus de la population afin de garantir que le meilleur individu soit conservé d'une génération à l'autre.

d. Hybridation de l'algorithme génétique

La nature (et donc les algorithmes génétiques de base) ne cherche nullement la meilleure solution possible, il lui suffit d'avoir des individus suffisamment adaptés pour survivre et qui présentent une bonne diversité. Dans notre contexte, nous avons recours à un algorithme d'optimisation pour obtenir une minimisation du critère de coût ; nous cherchons alors une unique solution devant être la meilleure possible. Donc l'utilisation des algorithmes génétiques classiques ne répond pas à notre problème. Pour utiliser tout de même ce type d'algorithme, nous devons réaliser une modification dans son fonctionnement. Nous réalisons alors une hybridation de cet algorithme (Yen et al., 1995). Nous allons intervenir lors de la phase de recombinaison de l'algorithme et nous remplaçons le tirage aléatoire des individus par une recherche des meilleurs individus par un algorithme d'optimisation de type grimpeur. Nous utilisons l'algorithme de Gauss-Newton et la méthode du simplex. Nelder et Mead (1965) ont développé une version de la méthode du simplex pour permettre à l'algorithme d'adapter sa recherche au résultat de l'évaluation précédente. L'algorithme du simplex propose une grande robustesse (Press et al., 1986) mais il est d'autant plus lent que l'espace de recherche grandit. Pour réduire le temps de calcul, nous réalisons l'hybridation au niveau de l'étape de recombinaison avec la méthode de Gauss-Newton. Les deux hybridations fournissent des résultats équivalents. Mais les instabilités numériques entraînent souvent des échecs dans le fonctionnement global de l'algorithme génétique. Ainsi, dès qu'une instabilité numérique est détectée, nous reprenons l'étape de recombinaison qui n'a pas abouti et nous basculons sur l'utilisation de l'algorithme du simplex.

1.3.4 Validation du modèle

La phase de validation est importante car elle permet de clore le processus d'identification ou de remettre en question les choix du modéliste concernant le modèle, le critère de coût, l'algorithme d'optimisation ou encore le protocole expérimental. Il existe trois approches complémentaires caractérisant la validation : l'analyse des résidus, l'analyse des paramètres et l'évaluation du pouvoir prédictif et de la robustesse. Une approche peut recevoir plus d'attentions en fonction du but fixé par l'identification du système. Dans notre cas, nous allons nous intéresser à l'analyse des résidus.

Avant de présenter l'analyse des résidus, il est nécessaire de rappeler que le contexte d'identification choisie dans ces travaux est une identification basée sur des modèles de connaissances. Il a été dit précédemment qu'une modélisation de ce type ne peut pas décrire tous les comportements d'un système complexe. La validité du modèle identifié dépendra donc du nombre de contraintes imposées par le modéliste. Un modèle n'est alors validé que dans un contexte d'utilisation particulier.

L'analyse des résidus a pour but de valider le modèle en mettant en doute les hypothèses du « modéliste » lors de la phase de modélisation. Cette phase permet également d'évaluer les hypothèses faites sur le bruit de mesure en terme de corrélation, de stationnarité ou encore de distribution. Cette phase est essentiellement appliquée à travers des outils graphiques mais des tests statistiques sont envisageables pour affiner les résultats. Les ouvrages de Walter et Pronzato (1994), Draper et Smith (1998) et Ljung (1999) approfondissent les principales méthodes présentées dans cette partie.

Le résidu (e) est la différence entre la sortie du système (y_s) et la sortie du modèle (y_m) à une même sollicitation :

$$e(t,\hat{p}) = y_s(t) - y_m(t,\hat{p}). \tag{1.29}$$

Bien entendu, le cadre idéalisé de l'identification devrait nous fournir un résidu nul, mais en raison de ce qui a été dit précédemment, le résidu contient, entre autre, la partie des données que le modèle n'est pas capable de reproduire. Une première analyse de la qualité de l'estimation à travers l'analyse des résidus peut se faire statistiquement en évaluant la valeur maximale du résidu (C_1) et son erreur moyenne (C_2) :

$$\begin{aligned} C_1 &= \max_t |e(t,\hat{p})|, \\ C_2 &= \frac{1}{N} \sum_{t=1}^{N} e^2(t,\hat{p}). \end{aligned} \tag{1.30}$$

Ces critères de validation ne peuvent être utilisés seuls à moins de garantir que l'estimation est indépendante des données recueillies sur le système.

1.3.4.1 Normalité des résidus

La seconde analyse concerne la normalité du résidu. Supposons que le modèle vérifie l'équation :

$$y_s(t) = y_m(t,\boldsymbol{p^*}) + \eta(t), \tag{1.31}$$

où η est une variable aléatoire de moyenne nulle et de variance σ^2 connue. L'expression des résidus normalisés est donnée par :

$$r_n(t,\hat{p}) = \frac{e(t,\hat{p}) - \mu_e}{\sigma_e}, \tag{1.32}$$

où la moyenne μ_e et la variance σ_e sont définies par :

$$\begin{aligned} \mu_e &= \frac{1}{N} \sum_{t=1}^{N} e(t,\hat{p}), \\ \sigma_e &= \frac{1}{N-1} \sum_{t=1}^{N} e(t,\hat{p}) - \mu_e. \end{aligned} \tag{1.33}$$

Les hypothèses de formulation du modèle sont vérifiées si le vecteur de résidus normalisés ressemble à une variable aléatoire indépendante de moyenne nulle et de variance 1 ($\mathcal{N}(0,1)$).

La normalité des résidus peut être également vérifiée grâce à la comparaison de la fonction de distribution cumulative des résidus avec celle d'une distribution normale $\mathcal{N}(0,1)$. Pour établir les fonctions de distribution cumulative, les résidus sont ordonnés de la manière suivante :

$$r_n(t_1,\hat{p}) \leq r_n(t_2,\hat{p}) \leq \ldots \leq r_n(t_N,\hat{p}). \tag{1.34}$$

La fonction de distribution cumulative des résidus est alors définie par :

$$F(x) = \begin{cases} 0 & \text{si } x < r_n(t_1,\hat{p}) \\ \dfrac{i}{N} & \text{si } r_n(t_i,\hat{p}) \leq x < r_n(t_{i+1},\hat{p}) \\ 1 & \text{si } r_n(t_N,\hat{p}) \leq x \end{cases} . \tag{1.35}$$

1.3.4.2 Stationnarité des résidus

Une troisième analyse du résidu est celle de la stationnarité. En effet, pour vérifier l'homogénéité des erreurs, il est possible d'étudier la régression linéaire des résidus. Cette approche permet de déterminer par exemple, si le modèle produit une erreur systématique indépendante du temps ou de la fréquence. La régression linéaire des résidus normalisés au carré est donnée par :

$$v_n(t,\hat{p}) = r_n^2(t,\hat{p}) = \eta_0 + \sum_{t=1}^{N} \eta_i z_i(t,\hat{p}) + e(t,\hat{p}) + \epsilon(t), \tag{1.36}$$

où $z(t)$ est un vecteur de variables exogènes ou indépendantes et les coefficients du polynôme sont donnés par η_i, avec $i = 0,\ldots,dim(z)$. Pour vérifier l'hypothèse de stationnarité, les coefficients η_i, avec $i = 1,\ldots,dim(z)$ doivent être nuls. Les coefficients η_i sont estimés par une méthode des moindres carrés :

$$\hat{\eta} = (z^T z)^{-1} z^T v_n(t,\hat{p}). \tag{1.37}$$

1.3.4.3 Indépendance des résidus

Comme nous l'avons dit précédemment, il est indispensable que l'estimation paramétrique soit indépendante des données de mesure utilisée. Il faut donc que les propriétés du résidu soient les mêmes quel que soit le fichier de mesure. Ceci est réalisé par une validation croisée, c'est à dire que le résidu est évalué entre le modèle quantifié et un fichier de mesures différent de celui utilisé pour l'estimation des paramètres.

Pour tester si le modèle est une « sous modélisation » du système, nous calculons la fonction de corrélation entre le résidu et l'entrée ($C_{eu}(\tau)$) :

$$C_{eu}(\tau) = \frac{1}{N} \sum_{t=1}^{N} e(t)u(t-\tau). \tag{1.38}$$

Si le résultat de la fonction de corrélation reste important, ce qui signifie que l'entrée est influente sur le calcul du résidu, alors le modèle ne modélise pas suffisamment la dynamique du système.

Pour vérifier les propriétés d'indépendance des erreurs, hypothèse de base de critères tel que le maximum de vraisemblance, il faut calculer l'autocorrélation des résidus par la formule suivante :

$$C_{ee}(\tau) = \frac{1}{N} \sum_{t=1}^{N} e(t)e(t-\tau). \tag{1.39}$$

Le résultat de l'autocorrélation permet de vérifier l'hypothèse de blancheur du bruit formulée par certaines méthodes d'estimation telle que l'estimateur du maximum de vraisemblance.

1.4 OBSERVATEURS

Les sections précédentes ont présenté les outils nécessaires à l'obtention d'un modèle quantifié de la dynamique transversale d'un véhicule automobile. Dans le cas de notre application, ce modèle est utilisé dans une stratégie d'observation de variables non mesurées de la dynamique. Le coût ou la non existence de capteurs pour mesurer certains états du système peuvent limiter le contrôle de ce dernier. Pour pallier à ce problème, en automatique et en traitement du signal, nous avons recours à l'utilisation d'observateurs (figure 1.7) permettant dans la mesure du possible de reconstruire l'état non mesuré à partir d'un modèle du système et de la mesure d'un état (éventuellement plusieurs états). Dans notre application, les observateurs peuvent être qualifiés de capteur virtuel.

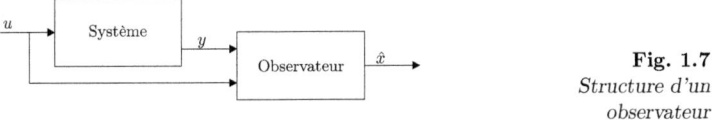

Fig. 1.7
Structure d'un observateur

La reconstruction de l'état non mesuré $\hat{x}$ est réalisée à partir d'un modèle du système et de l'entrée u et des mesures y.

1.4.1 Aspects généraux

La théorie de l'observateur d'état stochastique a été introduite dans les années soixante par Kalman pour les systèmes linéaires (Kalman et Bucy, 1961). Luenberger (1964) a également formulé un observateur en considérant un système linéaire déterministe.

Dans le domaine non linéaire, Aubry (1999) présente une introduction intéressante sur la notion d'observateurs non linéaires. Deux grandes catégories d'observateurs peuvent être distinguées : ceux qui se basent sur la théorie des observateurs linéaires en linéarisant l'erreur d'estimation autour d'un point de fonctionnement et ceux qui utilisent des techniques non linéaires mais ne pouvant être généralisées à la synthèse d'observateurs pour certains systèmes non linéaires.

Par la suite, nous allons présenter les caractéristiques de la synthèse d'un observateur. Pour cela, nous supposons la formulation du modèle linéaire sous forme d'équations d'état comme présentées dans l'équation (1.3) :

$$\begin{cases} x(t_0) = x_0 \\ \dot{x}(t) = Ax(t) + Bu(t) \\ y_m(t) = Cx(t) + Du(t) \end{cases} \quad (1.40)$$

1.4.2 Observabilité d'un modèle

Pour qu'un observateur puisse reconstruire un état non mesuré, il est nécessaire que cet état soit observable.

Définition 4. *De Larminat (1977) Le modèle linéaire décrit par l'équation (1.40) est dit complètement observable, si étant donné t_0, il existe un instant t_1, telle que la connaissance des mesures sur l'intervalle fini $t_1 - t_0$ permet de déterminer de manière unique x_0, et ceci quelque soit le signal de commande.*

Pour vérifier, en pratique, qu'un modèle remplit les conditions d'observabilité de la définition 4, il faut vérifier que la matrice $\mathcal{O}$ définie par l'équation (1.41) soit de rang n, ordre du modèle d'état (1.40).

$$\mathcal{O} = \begin{pmatrix} C \\ CA \\ \vdots \\ CA^{n-1} \end{pmatrix}, \quad (1.41)$$

L'étude de l'observabilité des modèles non linéaires a été abordée dans de nombreux travaux, tels que Bestle et Zeitz (1983) ; Kou *et al.* (1975) ; Hermann et Krener (1977) ; Xia et Gao (1988) ; Nowakowski *et al.* (1993) ; Drakunov et Utkin (1995). Elle peut être abordée à partir des dérivées de Lie.

La dérivée de Lie de la fonction h par rapport à f est définie par :

$$\begin{aligned}\mathcal{L}_f h(x) &= \frac{dh(x)}{dx} f(x) \\ \mathcal{L}_f^{i+1} h(x) &= \frac{d\mathcal{L}_f^i h(x)}{dx} f(x)\end{aligned} \qquad (1.42)$$

Ainsi, le modèle défini par

$$\begin{cases} x(t_0) = x_0 \\ \dot{x}(t) = f(x(t),u(t)) \\ y_m(t) = h(x(t),u(t)) \end{cases}, \qquad (1.43)$$

avec f et h, des fonctions infiniment dérivables, est observable si la matrice d'observabilité définie par :

$$\mathcal{O} = \begin{pmatrix} h(x) \\ \mathcal{L}_f h(x) \\ \vdots \\ \mathcal{L}_f^{n-1} h(x) \end{pmatrix}, \qquad (1.44)$$

est inversible. Cependant, du fait de leur non linéarité, il est souvent difficile d'inverser ces dérivées de Lie. Nous définissons alors une observabilité locale qui est vérifiée si le Jacobien de la matrice d'observabilité est de rang maximal.

1.4.3 Structures des observateurs

1.4.3.1 *Observateurs linéaires*

Comme nous l'avons précisé au paragraphe 1.4.1, il est possible de distinguer l'approche des observateurs linéaires selon que le modèle de l'observateur est stochastique ou déterministe. Dans cette partie, nous allons présenter chacune de ces approches, avec l'observateur de Luenberger pour les systèmes déterministes et le filtre de Kalman pour les systèmes stochastiques. Nous nous limitons au cas des systèmes invariants dans le temps, ce qui n'est pas forcement le cas dans l'automobile, mais réalisable avec un protocole adéquat.

a. Observateur de Luenberger

Selon Luenberger (1964), il est possible de reconstruire le vecteur d'état à partir d'un système dynamique auxiliaire ou filtre dont la représentation d'état est :

$$\begin{cases} \dot{z}(t) = Fz(t) + Gg(t), \ z(t_0) = z_0 \\ w(t) = L_1 z(t) + Hu(t) \end{cases} \quad (1.45)$$

Le vecteur d'entrée de ce système auxiliaire est composé des sorties y et des entrées u du système de la manière suivante :

$$G = [K \ J], \quad H = [L_2 \ L_3], \quad g(t) = \begin{pmatrix} y(t) \\ u(t) \end{pmatrix}. \quad (1.46)$$

En remplaçant la définition (1.46) dans l'équation (1.45) nous obtenons :

$$\begin{cases} \dot{z}(t) = Fz(t) + Ky(t) + Ju(t), \ z(t_0) = z_0 \\ w(t) = L_1 z(t) + L_2 y(t) + L_3 u(t) \end{cases} \quad (1.47)$$

La sortie w doit nous fournir le vecteur d'état x. Si la valeur x_0 est inconnue, nous choisissons $z_0 = 0$. Ce choix va générer une erreur pour les premières valeurs du vecteur x, mais l'observateur sera conçu de façon que la sortie w converge vers x :

$$\lim_{t \to \infty} (w(t) - x(t)) = 0. \quad (1.48)$$

Dans le cas où x_0 est connu, le vecteur d'état z correspond à une transformation linéaire (T) du vecteur x :

$$z_0 = T(t_0)x_0, \ z(t) = Tx(t), \ \forall t > 0. \quad (1.49)$$

Les équations (1.48) et (1.49) représentent les contraintes à respecter pour la détermination des matrices du système auxiliaire. Nous définissons également l'erreur d'estimation comme la différence entre le vecteur d'état z et le vecteur d'état x transformé :

$$\begin{cases} \varepsilon(t) = z(t) - Tx(t) \\ \dot{\varepsilon}(t) = \dot{z}(t) - T\dot{x}(t) \end{cases} \quad (1.50)$$

En supposant qu'il n'y a pas de couplage direct entre l'entrée et la sortie pour le système ($D = 0$), nous pouvons utiliser les équations (1.40) et (1.50) pour exprimer l'erreur d'estimation :

$$\dot{\varepsilon}(t) = F\varepsilon(t) + (FT - TA + KC)x(t) + (J - TB)u(t). \quad (1.51)$$

Nous avons donc une équation différentielle de l'erreur. Sachant que l'erreur ne doit pas dépendre des signaux d'entrée et du vecteur d'état, nous pouvons traduire les contraintes par :

$$TA - FT = KC \text{ et } J = TB, \tag{1.52}$$

Pour respecter la contrainte définie dans l'équation (1.48), il faut que :

$$\begin{aligned} w(t) &= L_1 z(t) + L_2 y(t) + L_3 u(t) = L_1 z(t) + L_2 C x(t) + L_3 u(t) \\ w(t) &= L_1 \varepsilon(t) + (L_1 T + L_2 C) x(t) + L_3 u(t) \end{aligned}, \tag{1.53}$$

et pour assurer la convergence de l'erreur il faut que :

$$L_1 T + L_2 C = I_n \text{ et } L_3 = 0. \tag{1.54}$$

Ce système auxiliaire, défini par (1.45) est alors appelé observateur de Luenberger. Il est basé sur le principe de reconstruction par modèle parallèle. Dans sa formulation, l'observateur tient compte d'un écart entre le comportement du modèle et celui du système. Pour une approche mathématique, cet écart a pour origine la méconnaissance des valeurs initiales. En pratique, cet écart est causé par les perturbations sur le système. Il est directement réinjecté aux équations d'état du modèle avec une pondération dépendante de la valeur de la matrice K. Dans l'approche de Luenberger, le choix de la matrice de gain K doit être effectué par l'utilisateur. Mis à part les contraintes sur le choix de cette matrice (convergence de l'erreur vers zéro et maintien de la stabilité de l'observateur), l'utilisateur peut choisir la dynamique de convergence de l'erreur.

L'observateur de Luenberger n'est pas robuste aux erreurs de modélisation comme nous allons le détailler dans le paragraphe 1.4.3.2.

b. Filtre de Kalman

La grande différence entre un observateur de Luenberger et un filtre de Kalman est que l'approche de Luenberger ne tient pas compte explicitement du bruit sur le système et du bruit sur la sortie. Pour Kalman, lorsque nous réinjectons la différence entre les mesures et le modèle, nous allons tenir compte explicitement de ces hypothèses. Les deux dispositifs ont donc la même structure et les mêmes paramètres mis à part ceux la matrice K. La seconde différence entre les observateurs de Luenberger et de Kalman est que pour ce dernier, la matrice K n'est pas choisie par l'utilisateur. La dynamique du filtre est entièrement déterminée à partir des caractéristiques des bruits de mesure et des bruits sur le système.

En considérant la figure 1.8, le filtre de Kalman tient compte de $v(t)$ inconnue correspondant aux perturbations sur le système. Cette nouvelle entrée va modifier le comportement du système car elle intervient comme une entrée pour ce dernier. Le signal $w(t)$ représente le bruit de mesure et agit sur la sortie du modèle. Il est essentiellement dû aux capteurs, il ne modifie pas

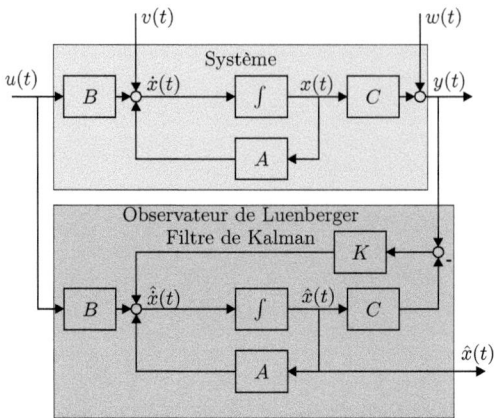

Fig. 1.8
Observateur de Luenberger / Filtre de Kalman

Cette figure illustre le synopsis du filtre de Kalman équivalent à celui d'un observateur de Luenberger.

le comportement du système ; par contre, il fait croire à l'utilisateur que le système se comporte différemment.

L'inconvénient majeur de ce filtre est qu'il est optimal par rapport au modèle utilisé dans le filtre. Donc les performances du filtre sont étroitement liées à celles du modèle. Dans le cas où le modèle n'est pas suffisamment précis, le comportement du filtre peut devenir instable.

1.4.3.2 Contraintes liées au domaine d'application

Afin de montrer l'influence du problème structurel et les contraintes d'utilisation des observateurs liées au domaine d'application, nous allons utiliser un système simple modélisé comme le montre la figure 1.9. Nous disposons de la mesure de l'entrée et de la sortie (l'état x_1). Un observateur de type Luenberger est conçu. L'erreur d'observation sera déterminée par la comparaison de l'état x_1 entre l'observateur et le système.

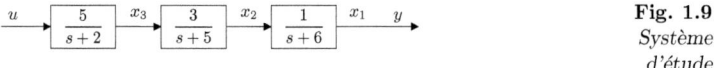

Fig. 1.9
Système d'étude

Un système du troisième ordre connu est utilisé pour mettre en valeur les problèmes engendrés par une non connaissance des conditions initiales, des paramètres du modèle ou de la structure du modèle.

L'influence de la non connaissance des conditions initiales du système sur la reconstruction de l'observateur est présentée dans la figure 1.10. Si nous sommes dans l'hypothèse où aucune erreur de modélisation et d'identification n'est faite, quelles que soient les conditions initiales, nous sommes en mesure de faire converger l'erreur d'observation vers 0. Le temps nécessaire à la convergence dépend du choix de la matrice de gain de l'observateur.

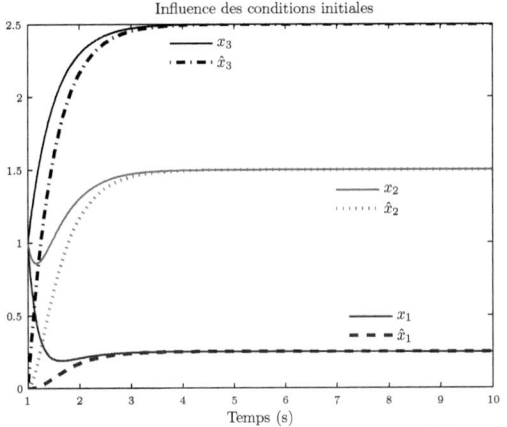

Fig. 1.10
Influence des conditions initiales

La figure présente l'influence des conditions initiales sur l'observateur ; le système possède pour conditions initiales $x_0 = [1; 1; 1]$, alors que l'observateur possède pour conditions initiales $\hat{x}_0 = [0; 0; 0]$.

Nous allons maintenant supposer que la structure du modèle de l'observateur est identique à celle du système. Par contre, la quantification du modèle n'est pas satisfaisante, nous avons donc une bonne structure avec des paramètres faux. La figure 1.11 présente le résultat de la reconstruction des états par l'observateur. Nous voyons que même si nous connaissons les conditions initiales du système, l'erreur d'observateur ne converge jamais vers 0 dans le cas d'une entrée non nulle.

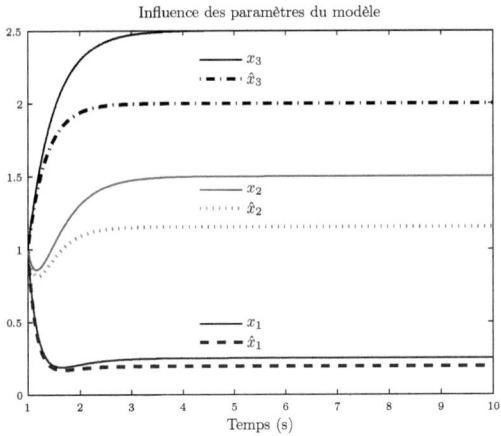

Fig. 1.11
Influence des paramètres du modèle

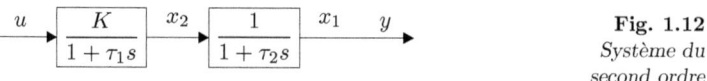

Fig. 1.12
Système du second ordre

Par identification nous avons obtenu les valeurs numériques des paramètres de sorte que le comportement du modèle soit identique à celui du système pour une entrée donnée ; $K = 0.25$, $\tau_1 = 0.50225$ et $\tau_2 = 0.19543$.

Enfin, nous avons cherché à évaluer l'erreur de reconstruction d'un observateur lorsque ce dernier possède un modèle dont la structure est différente de celle du système. Pour cela, nous avons modélisé le comportement entrée-sortie du système par un modèle du deuxième ordre (figure 1.12). Le résultat de la reconstruction de l'observateur est présenté sur la figure 1.13. Il est évident qu'une erreur de modélisation peut avoir une conséquence non négligeable sur le comportement de l'observateur.

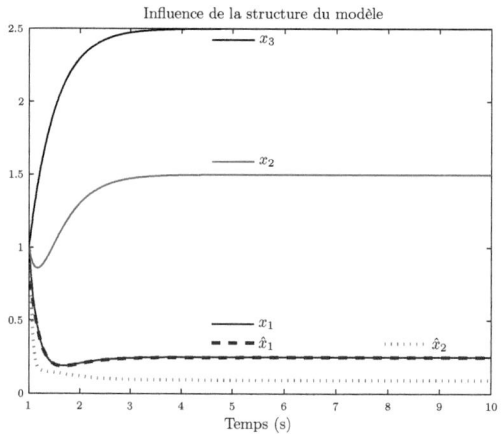

Fig. 1.13
Influence de la structure du modèle

Influence d'une erreur de modélisation sur la reconstruction des états du système.

1.4.3.3 Observateurs non linéaires

Comme nous l'avons déjà mentionné dans le paragraphe 1.4.1, les observateurs non linéaires se distinguent selon deux approches. Nous avons les observateurs qui s'inspirent de l'approche linéaire, pour établir des modèles non linéaires et les observateurs se basant directement sur des principes de non linéarité comme les observateurs à modes glissants. Nous n'allons pas les présenter, car ils ne seront pas utilisés dans ce mémoire. En effet, en raison des conséquences de l'erreur de structure et de l'erreur sur les paramètres présentées dans le paragraphe 1.4.3.2, nous n'avons pas jugé utile d'ajouter un degré de complexité supplémentaire avec l'utilisation d'observateurs non linéaires.

Stéphant et al. (2006) compare la reconstruction de l'angle de dérive à partir de plusieurs structures d'observateurs linéaires et non linéaires et met en valeur une très faible différence de résultats. Nous renvoyons donc le lecteur vers des travaux utilisant les observateurs non linéaires tels que Kou et al. (1975), Drakunov et Utkin (1995), Aubry (1999), Stéphant (2004), Rabhi (2005).

1.5 CONCLUSION

Ce chapitre a présenté les différents aspects théoriques et pratiques nécessaires pour notre approche de la modélisation de la dynamique transversale d'un véhicule.

La modélisation est un exercice délicat, car l'abstraction que nous réalisons sur le système étudié doit respecter de nombreuses contraintes. Elle conditionne la phase d'identification de la structure de modèle choisie. Une classification des structures de modèle a été présentée afin de guider le modéliste vers le ou les structures adaptées au système d'étude. Enfin, nous avons mis l'accent sur la notion de performance et de complexité du modèle. Le modéliste ne peut que très rarement accéder à une structure de modèle à la fois proche de la réalité tout en garantissant une identification de la structure performante ; il est souvent obligé de réaliser un compromis entre ces deux aspects.

Pour chaque type de modèle, il existe plusieurs méthodes d'identification. Pour être suffisamment synthétique, nous avons présenté les outils que nous avons appliqués aux modèles de connaissance dans le cadre de la modélisation de la dynamique transversale. Nous avons également souligné le fait que la plupart des outils d'identification reposent sur l'hypothèse d'une erreur de modélisation nulle, ce qui n'est pas souvent le cas lorsque nous nous intéressons à la modélisation d'un système physique.

La dernière partie de ce chapitre était consacrée aux observateurs d'état et constitue une suite logique à la modélisation d'un système physique. En effet, la plupart des observateurs présentés nécessite l'utilisation d'un modèle de référence, obtenu par une phase de modélisation-identification. De plus, le comportement de l'observateur est conditionné par la qualité de cette dernière phase. Nous allons utiliser les observateurs dans un contexte de capteurs virtuels. Ils permettent la reconstruction d'un ensemble de données ou variables du système auxquelles le modéliste n'a pas directement accès par la mesure.

Dans le chapitre suivant, nous allons utiliser les outils présentés pour les appliquer à la dynamique transversale d'un véhicule automobile.

> Je crois encore à la possibilité
> d'un modèle de la réalité,
> c'est-à-dire d'une théorie qui
> présente les choses elles-mêmes et
> non pas seulement la probabilité
> de leur apparition.
>
> *A. Einstein*

2

Application à la modélisation de la dynamique transversale d'un véhicule

Sommaire

2.1	Introduction	46
2.2	Dynamique véhicule	46
	2.2.1 Le système « Conducteur – Véhicule – Environnement »	46
	2.2.2 Étude dynamique du comportement latéral du véhicule	50
2.3	Présentation de structures de modèle	57
	2.3.1 Équations de la dynamique transversale	60
	2.3.2 Structures Lacet-Roulis-Dérive	62
	2.3.3 Structure Lacet-Dérive	65
	2.3.4 Propriétés structurelles des modèles	66
2.4	Protocole expérimental	73
	2.4.1 Excitation nécessaire et réalisable	73
	2.4.2 Instrumentation du véhicule d'essai	77
2.5	Estimation des paramètres	81
	2.5.1 Choix du critère de coût	81
	2.5.2 Choix des structures à identifier	82
	2.5.3 Résultats d'estimation	85
	2.5.4 Évaluation de la possibilité d'identification en ligne	94
2.6	Conclusion	97

2.1 INTRODUCTION

La modélisation et l'identification, présentées dans le chapitre précédent sont des outils indispensables pour notre application. Ce chapitre est alors consacré à l'application directe de ces notions aux véhicules automobiles et plus précisément à **l'étude de la dynamique transversale**.

Le véhicule ne peut être considéré indépendamment des autres entités qui constituent le système global « Conducteur – Véhicule – Environnement ». En effet, le conducteur et l'environnement vont directement influencer le comportement du véhicule. Ainsi, nous chercherons à prendre en compte certaines interactions entre le véhicule et le conducteur, par le biais des commandes qu'il est en mesure d'appliquer au véhicule et entre le véhicule et l'environnement, à savoir par exemple, le profil routier.

Avant de commencer la modélisation de la dynamique transversale du véhicule, il est nécessaire de maîtriser les phénomènes physiques qui entrent en jeu dans cet aspect de la dynamique véhicule. Puis, en fonction des contraintes liées à la complexité, la performance et la connaissance des paramètres physiques du véhicule, **plusieurs structures de modèle de connaissance** sont présentées. Une évaluation de leurs propriétés structurelles est réalisée afin d'optimiser la définition du **protocole d'essais**. Une description de l'instrumentation du véhicule est ensuite présentée.

Les dernières parties de ce chapitre traitent de **l'estimation des paramètres** physiques des modèles choisis, ainsi que de la validation de ces modèles.

2.2 DYNAMIQUE VÉHICULE

2.2.1 Le système « Conducteur – Véhicule – Environnement »

Lors de situations de conduite, le conducteur du véhicule se trouve intégré dans le système « Conducteur – Véhicule – Environnement ». En fonction des informations collectées sur l'environnement (topologie de la route, conditions climatiques,...), de l'état de son véhicule (vitesse longitudinale, vitesse de lacet, cap du véhicule,...), il définit une commande à réaliser sur son véhicule (consigne d'angle au volant, pression de freinage ou pression d'accélération) pour réaliser la manœuvre qu'il s'est fixée. Sur la figure 2.1 un schéma du système « conducteur - véhicule - environnement » est présenté. Il mentionne les interactions entre chaque élément, et justifie le fait qu'il est difficile d'étudier un élément sans tenir compte des autres. Par la suite, les différents sous-systèmes qui le constituent seront détaillés.

2.2.1.1 Le conducteur

Le conducteur représente l'élément essentiel dans le système « Conducteur – Véhicule – Environnement ». Il est souvent à l'origine des accidents de la route (90% des cas selon Priez

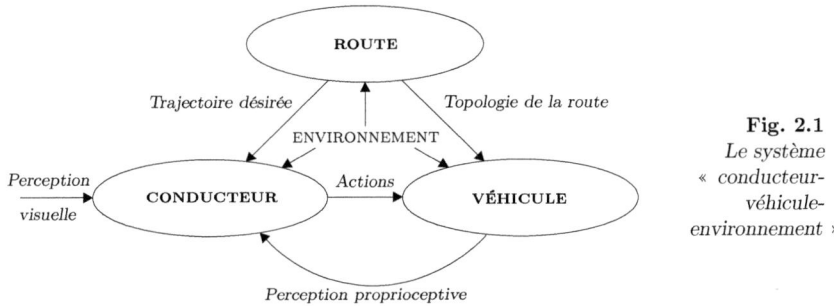

Fig. 2.1
Le système
« conducteur-véhicule-environnement »

Ce système fonctionne en boucle fermée et permet de justifier le fait qu'il est difficile d'étudier un élément sans tenir compte des autres.

(2000)). C'est pourquoi de nombreuses études s'intéressent à la modélisation de son comportement (Donges, 1978 ; Kramer et Rohr, 1982 ; Rasmussen, 1983 ; Rothengatter *et al.*, 1993 ; Afonso *et al.*, 1993 ; Vallet et Khardi, 1995 ; Tricot, 2005). La modélisation du conducteur n'est pas aisée car elle nécessite une caractérisation du comportement humain et fait appel aux notions de nombreuses disciplines allant de l'automatique aux neuro-sciences.

La caractérisation du conducteur n'est pas unique, elle dépend essentiellement des domaines d'application concernés (Baujon *et al.*, 2000 ; Lauffenburger, 2002). Certains modèles se focalisent sur l'aspect sensitivo-moteur (vision microscopique du système « conducteur – véhicule – environnement »), dans le but d'améliorer la sécurité et le comportement du véhicule. D'autres sont basés sur l'analyse des phénomènes allant de l'analyse de la situation jusqu'à la prise de décision (Kramer et Rohr, 1982 ; Rasmussen, 1983). Enfin, d'autres modèles plus globaux (vue macroscopique) sont développés à des fins de simulation du trafic routier (Leutzbach, 1988).

2.2.1.2 L'environnement

L'environnement est un élément influençant directement le comportement du conducteur ainsi que le comportement du véhicule. Le comportement du conducteur est modifié en fonction des informations perçues (informations visuelles, auditives, sensations au volant,...). Le comportement du véhicule lié étroitement à l'état de la route est variable selon les conditions météorologiques (pluie, neige, verglas,...). Le vent peut également modifier l'état du véhicule, selon son orientation et sa vitesse. Dans le cadre de la modélisation, les impacts de l'environnement sur le véhicule sont souvent pris en compte dans la description de l'interface roue-sol et plus particulièrement le coefficient d'adhérence.

L'environnement routier est un paramètre discriminant pour les accidents et leur gravité (Fontaine et Gourlet, 1994). L'accidentologie est variable selon la localisation et donc selon l'environnement. Deux tiers des accidents ont lieu en agglomération, mais restent de faible gravité en comparaison aux accidents hors agglomération. Dans Basset (2002), ces derniers couvrent 60% du taux de mortalité sur les routes tout en représentant seulement un tiers des accidents du réseau routier. À partir de ces quelques chiffres, l'environnement est un élément fortement prépondérant, mais reste délicat à modéliser.

Le trafic routier, partie intégrante de l'environnement, est également à prendre en compte. Ce trafic est souvent plus important en ville qu'en campagne. Il influence indirectement le comportement du conducteur (stress, fatigue,...).

2.2.1.3 Le véhicule

Les véhicules routiers sont de plus en plus fiables. L'essor de technologies embarquées permet d'appréhender plus aisément la notion d'aide et de protection du conducteur lors de situations de conduite délicates. Cependant, la conduite de l'automobiliste est influencée par les caractéristiques, le confort relatif ou encore les performances mécaniques du véhicule. De nombreuses études (Chen *et al.*, 1996 ; Farrer, 1993 ; Higuchi *et al.*, 1996) se sont focalisées sur les ressentis des conducteurs envers leur véhicule afin de qualifier et quantifier leurs sensations subjectives.

La modélisation du comportement du véhicule est vitale pour la description du système « conducteur – véhicule – environnement ». Sa modélisation est rendue délicate par le grand nombre de paramètres nécessaires pour sa description, leurs couplages, ainsi que les variations de certains d'entre eux (masse, vitesse, adhérence,...). Comme pour le conducteur, le modèle développé dépend de l'application pour laquelle il est destiné. Afin de limiter la complexité, la modélisation d'un véhicule passe par la modélisation des sous-systèmes qui le constituent. Cette modélisation consiste, généralement, en une approche « boîte blanche » ou une approche « boîte grise » afin de définir les éléments mal connus. C'est le cas pour le pneumatique ou les phénomènes associés au système de freinage qui peuvent être modélisés par des modèles de représentation ou tables multidimensionnelles afin de simplifier la modélisation et réduire le temps de calcul.

Nous n'allons pas détailler explicitement les différents sous-systèmes ainsi que leur modélisation envisageable, nous allons plutôt nous concentrer sur la modélisation des principales dynamiques agissant sur le véhicule et plus particulièrement la dynamique transversale. La dynamique du véhicule peut être décomposée en trois dynamiques : la dynamique longitudinale suivant l'axe x (figure 2.2), la dynamique transversale selon l'axe y et la dynamique verticale selon l'axe z. Le niveau de description des différentes composantes est déterminant pour modéliser le comportement global du véhicule. Trois degrés de liberté supplémentaires sont à considérer : les rotations autour des axes longitudinal, transversal et vertical (figure 2.2), à savoir le roulis, le tangage et le lacet.

a. Dynamique longitudinale

La dynamique longitudinale est constituée de la vitesse, de l'accélération longitudinale et du mouvement de tangage du véhicule. Ces dynamiques proviennent des efforts générés aux pneumatiques et du report de charge du châssis. La dynamique longitudinale comprend les accélérations/décélérations produites respectivement par le moteur et par le système de freinage pouvant aller au blocage des roues dû à une action de freinage excessive.

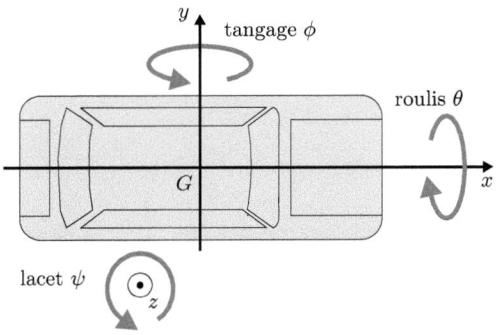

Fig. 2.2
Principales dynamiques agissant sur le véhicule

Le centre de gravité du véhicule subit des accélérations selon les directions $G\vec{x}$, $G\vec{y}$ et $G\vec{z}$. Le véhicule possède trois autres degrés de liberté : les rotations autour des différentes directions (tangage, roulis et lacet).

Un modèle longitudinal du véhicule inclut (selon l'application) : la résistance aérodynamique ou trainée due à la forme du véhicule et à sa vitesse, la résistance au roulement, le profil longitudinal de la route et les forces longitudinales générées par les pneumatiques. Ces dernières déterminent les capacités du véhicule à accélérer et décélérer.

Les reports de charge du châssis du véhicule lors de sollicitations longitudinales sont représentés par le phénomène de tangage. Ce déplacement du poids augmente ou réduit la charge verticale du pneumatique et donc, la valeur de la force longitudinale que le pneumatique est capable de générer.

b. Dynamique latérale

Les dynamiques latérales font référence aux mouvements de lacet, de roulis ainsi qu'à l'accélération transversale du véhicule. Comme pour la dynamique longitudinale, ces dynamiques sont engendrées par les efforts générés aux pneumatiques en réponse aux sollicitations du conducteur. Le mouvement de roulis est intégré dans le modèle pour la prise en compte de la dynamique liée aux reports de charge.

Nous détaillerons plus précisément cette dynamique dans le paragraphe 2.2.2

c. Dynamique verticale

Cette dynamique implique les charges verticales des pneumatiques et le mouvement vertical du châssis dû aux suspensions. Elle est générée par le profil vertical de la route et les reports de charge.

Comme la charge verticale du pneumatique est le facteur principal dans la détermination des efforts longitudinaux et transversaux, le calcul de l'écrasement du pneumatique, conséquence de l'augmentation de la charge verticale, est un facteur déterminant dans la description de la dynamique verticale du véhicule. Cette description nécessite la prise en compte des phénomènes de tangage et de roulis, ainsi que de la connaissance des hauteurs des points du châssis, du profil vertical de la route, des raideurs et amortissements des suspensions et des pneumatiques.

2.2.2 Étude dynamique du comportement latéral du véhicule

Les trois dynamiques précédentes sont étroitement couplées. Ainsi, lors de la modélisation du comportement global du véhicule, il est nécessaire de prendre en compte ces couplages. De nos jours, au regard des systèmes d'aide à la conduite disponibles dans les véhicules de série, l'étude de la dynamique longitudinale est bien maîtrisée. En effet, le freinage est assisté par l'ABS, et la vitesse et l'accélération du véhicule peuvent être gérées par un régulateur de vitesse. Ce dernier possède même des déclinaisons adaptatives qui permettent le maintien de distance de sécurité. L'étude de la dynamique transversale est moins aboutie et se trouve au cœur des innovations actuelles. L'essor de l'ESP a contribué à une amélioration considérable du comportement transversal, mais de nombreuses évolutions dans le contrôle transversal du véhicule sont envisageables. Dans le cadre de ces travaux de thèse, nous nous sommes orientés vers la dynamique transversale du véhicule, c'est pourquoi nous allons approfondir sa description.

2.2.2.1 *Référentiels utilisés*

Pour décrire la dynamique transversale du véhicule, nous définissons différents repères pour représenter les mouvements de roulis, de lacet, latéraux et verticaux. Comme le montre la figure 2.3, nous définissons un repère lié au véhicule, un repère intermédiaire et un repère lié à la route. La définition de trois repères est motivée par le fait que lors de la modélisation nous allons définir deux types de modèles :

- un modèle ne considérant pas le roulis (le repère lié au véhicule et le repère intermédiaire sont confondus) ;
- un modèle considérant le roulis (les trois repères seront utilisés).

Le repère du véhicule est repéré par rapport au repère intermédiaire avec l'angle de roulis θ. Ces deux repères se déplacent dans le repère galiléen lié au sol et qui est repéré par l'angle de lacet ψ. La distance entre G et O_1 est considérée constante.

2.2.2.2 *Description des éléments de la dynamique transversale*

Avant de concevoir les modèles permettant de simuler le comportement du véhicule, il faut s'attarder sur les différents éléments dynamiques qui seront pris en compte lors de la modélisation. Comme leur présentation déborde du cadre de ce mémoire, nous présentons les plus importants sans aller dans le détail, les autres éléments sont par exemple décrits dans les travaux de Ellis (1969), Gillespie (1992), Milliken et Milliken (1995), Genta (1997), Gissinger et Le Fort-Piat (2002) et Brossard (2006).

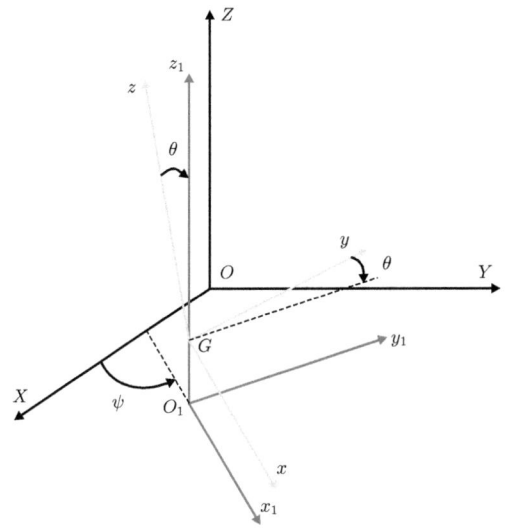

Fig. 2.3
Définition des repères pour la description du mouvement du véhicule

Le repère (O,X,Y,Z) est le repère absolu lié au sol, le repère (G,x,y,z) est le repère lié au châssis du véhicule en déplacement par rapport au repère absolu. Pour l'étude de la dynamique de roulis, nous définissons un repère intermédiaire (O_1,x_1,y_1,z_1). L'axe longitudinal du véhicule est suivant l'axe x.

a. Modélisation de l'interface roue/sol

Le pneumatique est composé de fibres synthétiques et/ou métalliques et de caoutchouc ; la nature, la disposition et la tension des fibres assurent les propriétés élastiques du pneumatique et le caoutchouc les propriétés d'adhérence. La modélisation du pneumatique doit prendre en compte ces deux propriétés. L'élément important de la structure du pneumatique est la bande de roulement. Cette partie en caoutchouc assure le contact avec le sol et est caractérisée par son coefficient de frottement, ses propriétés thermiques, sa rigidité et sa sculpture.

La modélisation de l'interface roue/sol est souvent réduite à la surface de contact entre la route et la bande de roulement. La tenue de route du véhicule est alors caractérisée par les échanges dynamiques qui ont lieu sur cette surface. En raison des nombreux facteurs intervenant dans la genèse de ces échanges (qualité de la gomme, température, granulométrie de la route, conditions climatiques, pression, charge verticale appliquée au pneumatique,...), les échanges sont très difficiles à modéliser. Il en résulte que ces facteurs interviennent directement dans la notion d'adhérence du véhicule.

Le coefficient d'adhérence est défini par l'expression suivante :

$$\mu = \frac{F_T}{F_N} \, , \tag{2.1}$$

avec F_T la force de frottement et F_N la force normale.

Le glissement est considéré comme la variable modélisant l'adhérence entre la gomme et la route. Les vitesses de glissement peuvent être définies selon les expressions :

$$\begin{aligned} V_{Sx} &= V_{Lr} - \Omega_R R \\ V_{Sy} &= V_{Tr} \end{aligned}, \qquad (2.2)$$

avec V_{Sx} et V_{Sy} les vitesses de glissement longitudinal et transversal, V_{Lr} et V_{Tr} les vitesses longitudinale et latérale du centre de roue, Ω_R la vitesse de rotation de la roue et R son rayon.

Enfin nous définissons également un angle de glissement α qui représente la déformation latérale du pneumatique soumis à une force latérale :

$$\alpha = \arctan\left(\frac{V_{Tr}}{V_{Lr}}\right). \qquad (2.3)$$

Cet angle est communément appelé angle de dérive du pneumatique et est représenté sur la figure 2.4.

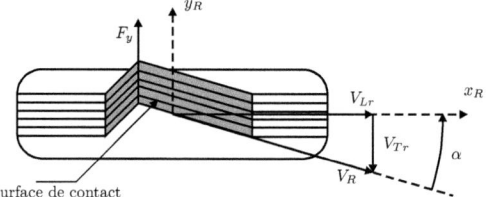

Fig. 2.4
Représentation de l'angle de dérive au pneumatique (Gissinger et Le Fort-Piat, 2002)

Lorsque le pneumatique et plus précisément la surface de contact est soumise à une force transversale F_y, elle se déforme. Le vecteur vitesse V_R n'est plus confondu avec l'axe longitudinal de la roue (x_r), et l'angle de dérive α se forme entre la direction du vecteur vitesse et l'axe longitudinal de la roue.

La littérature propose de nombreux modèles de frottement permettant de décrire la génération des forces et moments à l'interface roue/sol. Nous retrouvons deux familles de modèles : les modèles statiques et les modèles dynamiques. Les modèles statiques se basent sur le principe fondamental du frottement, décrit par Coulomb. Cette modélisation trouve ses limites lorsque la vitesse de la roue est proche de 0 ou encore lorsque nous considérons le frottement lors de collage ou lors de glissement (Karnopp, 1985 ; Armstrong-Hélouvry et al., 1994). Les modèles dynamiques modélisent la surface de contact comme une brosse dont tous les poils ont un comportement de type ressort. Ces modèles permettent d'obtenir un bon comportement d'adhésion mais ils sont gourmands en ressources numériques.

Il existe également des modèles de pneumatiques intégrant les modèles d'interface roue/sol. La plupart de ces modèles sont de type empirique ou hybride. La totalité des phénomènes agissant sur le pneumatique et sur l'interface roue/sol ne sera pas prise en compte. Porcel (2003) propose un état de l'art conséquent et une classification des différents modèles de pneumatiques. Le plus connu et le plus utilisé de tous est le modèle de Pacejka dont la première version est présentée dans Bakker *et al.* (1987). Ce modèle a évolué au cours des années en prenant en considération de plus en plus d'éléments influents de l'interface roue/sol, (Bakker *et al.*, 1989 ; Pacejka et Bakker, 1991, 1993 ; Pacejka, 1996). Le modèle est issu d'une identification des paramètres de courbes à partir de données expérimentales. Ces courbes décrivent :

– la variation de la force longitudinale en fonction du glissement et de la charge verticale ;
– la variation de la force transversale en fonction de l'angle de dérive et de la charge verticale (figure 2.5) ;
– et la variation du moment d'auto-alignement en fonction de l'angle de dérive et de la charge verticale.

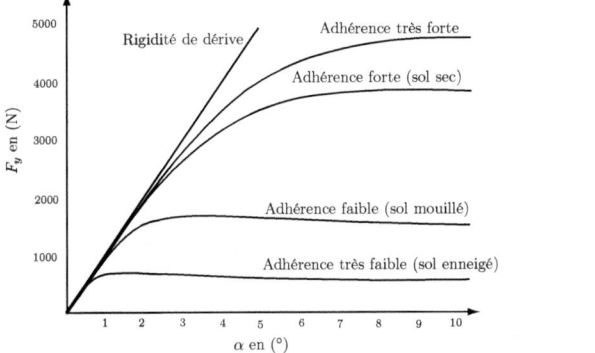

Fig. 2.5
Exemple de caractérisation de l'adhérence latérale

Ce graphique présente un exemple de l'évolution de la force transversale appliquée au pneumatique en fonction de la variation de l'angle de dérive pour une charge verticale et un carrossage constant.

La pente initiale des courbes de la figure 2.5, appelée coefficient de rigidité de dérive est définie par la dérivée de l'effort transversal par rapport à l'angle de dérive. Plus sa valeur est importante, plus le pneumatique est réactif à une sollicitation transversale.

Lors de la modélisation du comportement transversal, le comportement linéaire du pneumatique est localisé pour des faibles dérives et où l'expression de la force transversale peut être approximée par l'équation :

$$F_y = D\alpha \ , \tag{2.4}$$

où D représente le coefficient de rigidité de dérive.

b. Modélisation de la dynamique de dérive

Lorsque le conducteur du véhicule impose un angle au volant à une vitesse donnée, les pneumatiques sont soumis à un effort transversal et se déforment. Un moment d'auto-alignement est alors généré en raison de l'élasticité du pneumatique. Ce moment modifie la direction originelle du vecteur vitesse défini au point de contact entre la roue et le sol. L'écart entre l'axe longitudinal de la roue et le vecteur vitesse est décrit par l'angle de dérive au pneumatique. Lorsque nous nous intéressons au comportement du châssis du véhicule, nous construisons géométriquement un vecteur vitesse au centre de gravité résultant des vecteurs vitesse de chacune des roues. Le phénomène de dérive au pneumatique se retrouve ainsi au centre de gravité. Nous définissons un angle de dérive au centre de gravité comme étant l'angle entre l'axe longitudinal du véhicule et le vecteur vitesse (figure 2.6)

L'angle de dérive du véhicule peut alors être obtenu de la même manière que pour la dérive au pneumatique :

$$\beta = \arctan\left(\frac{V_T}{V_L}\right) \ . \tag{2.5}$$

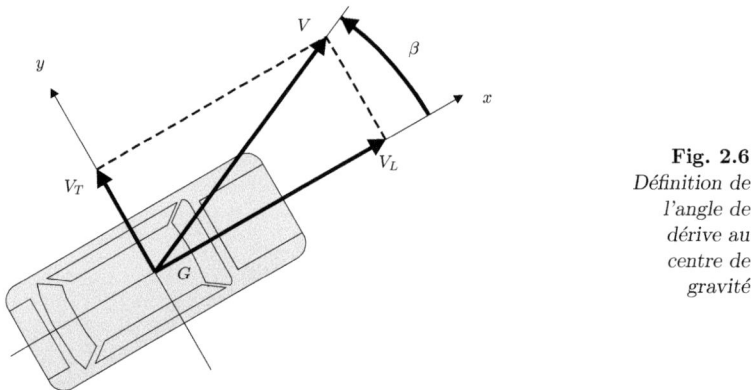

Fig. 2.6
Définition de l'angle de dérive au centre de gravité

La dérive au centre de gravité est caractérisée par une orientation du vecteur vitesse différente de l'axe longitudinal du véhicule. Ce vecteur vitesse possède une composante longitudinale V_L et une composante transversale V_T dans le repère lié au véhicule.

Dans la littérature, nous distinguons la dérive générée lors de virage à faible vitesse et lors de virage à grande vitesse. À faible vitesse, lors de manœuvres de parking par exemple, le véhicule subit une force centrifuge négligeable qui permet de considérer qu'aucune force latérale n'est développée au pneumatique et donc aucun angle de dérive au pneumatique (Duysinx, 2006-2007). Dans ce contexte, si les consignes de vitesse et d'angle au volant sont constantes, le véhicule possède une trajectoire circulaire connue (figure 2.7) et l'angle de dérive au centre de gravité peut être évalué à partir de l'angle d'Ackerman (Brossard, 2006) :

– angle de braquage du train avant :

$$\tan \delta = \frac{L}{R};\qquad(2.6)$$

– rayon de courbure du centre de gravité :

$$R_{CG} = \sqrt{L_2^2 + R^2} = \sqrt{L_2^2 + L^2 \cot^2 \delta};\qquad(2.7)$$

– relation entre la courbure et l'angle de braquage :

$$R_{CG} = \frac{L}{R};\qquad(2.8)$$

– coordonnées du centre de la trajectoire :

$$\begin{array}{l} X_I = -L_2 \\ Y_I = L\tan^{-1}\delta \cong \frac{L}{\delta} \end{array};\qquad(2.9)$$

– dérive au centre de gravité :

$$\beta = \frac{L_2 \delta}{L}.\qquad(2.10)$$

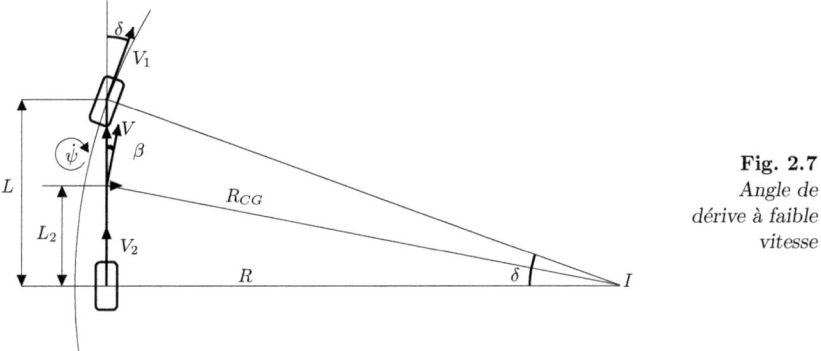

Fig. 2.7
Angle de dérive à faible vitesse

Grâce à cette figure, nous pouvons définir le centre et le rayon de la trajectoire circulaire lorsque le véhicule est animé d'une vitesse faible et constante et que l'angle au volant est également constant.

Lors de la prise de virage à vitesse élevée, des efforts latéraux apparaissent au niveau des roues qui génèrent un angle de dérive au pneu. Les directions des vecteurs vitesses V_1 et V_2 sont modifiées (figure 2.8). La trajectoire est alors différente de celle obtenue à faible vitesse et dépend de la valeur des dérives aux pneumatiques. Ce dernier cas étant plus fréquent et plus intéressant en terme de dynamique transversale, nous le détaillerons lors de la formulation des modèles.

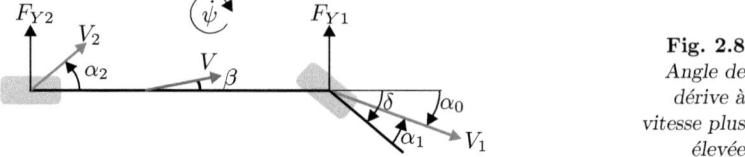

Fig. 2.8
Angle de dérive à vitesse plus élevée

c. Modélisation de la dynamique de roulis

Comme nous l'avons mentionné dans le paragraphe 2.2.2.2, le roulis apparaît lorsque le véhicule est soumis à une force transversale. Le châssis est lié aux pneumatiques par des suspensions/amortisseurs permettant un débattement transversal. Pour limiter ce mouvement pouvant engendrer une instabilité, les véhicules sont équipés de barres antiroulis. Chaque train présente un amortissement et une raideur antiroulis qui permet la génération d'un moment de rotation s'opposant au moment de roulis. Ce moment est appliqué au « centre de roulis » autour de l'axe de roulis situé dans le plan de symétrie longitudinal du véhicule (figure 2.9).

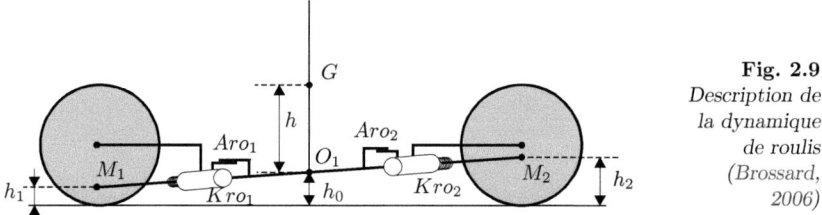

Fig. 2.9
Description de la dynamique de roulis
(Brossard, 2006)

Cette figure représente une coupe longitudinale dans le plan de symétrie (l'avant du véhicule se situe à gauche). L'axe de roulis du véhicule n'est pas horizontal et sa position par rapport au sol est repérée par h_1, h_0 et h_2. Les coefficients Kro et Aro représentent la raideur et l'amortissement antiroulis de chaque train. M_1 et M_2 sont les centres de roulis de chaque train.

d. Modélisation du ballant et de la longueur de relaxation

Tout effort latéral généré par le pneumatique provoque un déplacement de la surface de contact roue/sol par rapport au plan de jante. Cette déformation latérale est désignée par le terme de ballant du pneumatique (figure 2.10).

Pour de faibles déformations, le ballant est sensiblement proportionnel à l'effort latéral :

$$F_y \cong K_b d \ , \tag{2.11}$$

avec K_b la rigidité de ballant.

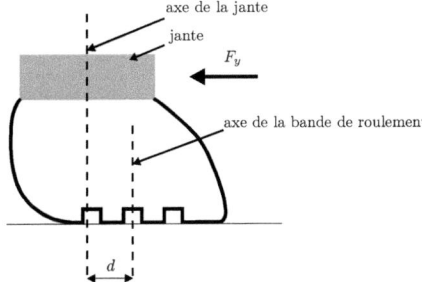

Fig. 2.10
Ballant du
pneumatique
(Gissinger et
Le Fort-Piat,
2002)

Le ballant d'un pneumatique d est déterminé par la distance entre l'axe de la jante et celui de la bande de roulement lorsque le pneumatique est soumis à un effort transversal F_y.

Les constructeurs automobiles préfèrent la définition de la longueur de relaxation au ballant. Lors d'une prise de virage, le pneumatique se déforme et doit parcourir une certaine distance pour se mettre en appui afin de générer un effort latéral. La distance parcourue est nommée longueur de relaxation du pneumatique.

Sur le plan latéral, le ballant permet au véhicule un mouvement oscillatoire autour de l'axe de lacet et influence ainsi le comportement global du véhicule. Des essais expérimentaux présentés dans Schmitt (1999) et Haro-Sandoval (2006) ont montré que pour le phénomène de ballant, il existe une fréquence limite basse à 2 Hz. Par exemple, pour des essais à vitesse constante avec une excitation au volant de type sinus modulé en fréquence, un phénomène d'antirésonnance apparaît sur les mesures d'accélération transversale et d'angle de roulis vers 2.2 Hz, pour notre véhicule d'essai (présenté au paragraphe 2.4.2.1) chaussé de pneumatiques Michelin Energy (175/65 R14). À cette fréquence, l'angle au volant est en opposition de phase avec l'angle de lacet, ceci est expliqué par l'excitation de la dynamique de ballant des pneumatiques et par l'inertie de la caisse.

2.3 Présentation de structures de modèle

Pour obtenir un modèle de connaissance de la dynamique transversale du véhicule, nous allons exprimer les différents efforts et moments appliqués au véhicule durant son mouvement et utiliser le principe fondamental de la dynamique. Cette modélisation se base sur les référentiels de la figure 2.3 et les éléments de la dynamique présentés dans la section 2.2.2.

Comme nous l'avons étudié dans le premier chapitre, la performance du modèle est liée à sa complexité. Plus le modèle de connaissance est complet, plus le nombre de paramètres à estimer est grand et plus difficile est l'identification. Ce qui induit souvent un nombre de capteurs plus important. En fonction du but de la modélisation, nous devons limiter la complexité de description des dynamiques du véhicule. Nous allons imposer des hypothèses simplificatrices suivantes :

- nous négligeons l'influence de l'aérodynamisme du véhicule, ainsi que les perturbations extérieures telles que le vent ;
- nous négligeons la dynamique de ballant ;
- nous ne considérons pas la dynamique de tangage, ainsi les transferts de charges longitudinaux sont considérés nuls ;
- nous définissons le véhicule comme symétrique par rapport à son axe longitudinal, ainsi nous étudions le véhicule sur son axe de symétrie en définissant une roue moyenne au milieu de chaque essieu. De cette manière, la géométrie du véhicule est équivalente à celle d'une bicyclette ;
- nous ne modélisons pas la dynamique verticale, ainsi le véhicule a un mouvement plan.

Il est primordial de vérifier l'influence de ces hypothèses sur le comportement du modèle par rapport au comportement du véhicule.

Pour la première hypothèse, il faut calculer la force résistante au mouvement générée par le déplacement du véhicule dans l'air. Pour cela, il faut connaître le torseur aérodynamique du véhicule et plus particulièrement les coefficients suivants :

- le coefficient de traînée : C_X ;
- le coefficient de force latérale : C_Y ;
- le coefficient de portance : C_Z ;
- le coefficient de moment de roulis : C_L ;
- le coefficient de moment de tangage : C_M ;
- le coefficient de moment de lacet : C_N.

Même si ces coefficients sont souvent considérés comme constants et indépendants de la vitesse du véhicule (Brossard, 2006), il est nécessaire de les obtenir du constructeur, car ils dépendent essentiellement de la forme du véhicule. Nous n'avons pas connaissance de ces paramètres. Par contre, notre véhicule d'essai, présenté au paragraphe 2.4.2.1, est un véhicule typé sport. Ainsi, nous avons considéré que les effets aérodynamiques sont minimisés par la forme du véhicule.

En ce qui concerne l'influence du vent sur le comportement du véhicule, il est difficile de le modéliser en raison de la nature variante de cette force extérieure. Elle n'a pas forcément de valeur constante et n'agit pas non plus en un point localisé de la carrosserie du véhicule. Le vent sera considéré comme étant une perturbation.

Le ballant a une dynamique intervenant pour des fréquences supérieures à 2 Hz. Ainsi, il est évident que le fait de le négliger va engendrer une erreur structurelle conséquente. Mais l'expression de la dynamique de ballant nécessite la connaissance de paramètres supplémentaires qui ne sont pas fournis par le constructeur. Haro-Sandoval (2006), précise que l'incertitude due à la méconnaissance des paramètres liés au ballant peut engendrer une erreur importante sur l'estimation des paramètres.

La dynamique de tangage est négligée car elle concerne essentiellement la dynamique longitudinale et que l'objectif de la modélisation est la représentation de la dynamique transversale. De plus, son effet est d'autant plus négligeable que nous pouvons évaluer une variation de l'angle de tangage inférieure à 2° dans une situation de conduite normale.

Afin de garantir que le véhicule puisse être considéré comme symétrique par rapport à son axe longitudinal, toutes les modifications apportées à la configuration originelle de notre véhicule, lors de son instrumentation, ont été réalisées en tenant compte de la répartition des masses. De plus, lorsque le véhicule est utilisé lors d'essais réels, une deuxième personne de poids quasi équivalent à celui du conducteur est installée à sa droite. Cette personne est toujours nécessaire pour réaliser les acquisitions. Enfin, avant chaque essai, le véhicule est pesé grâce à un système composé de quatre balances situées sous chacune des roues. Les mesures confirment que les poids des parties gauche et droite du véhicule sont équivalentes à 5 kg près.

2.3.1 Équations de la dynamique transversale

Afin d'introduire les équations de la dynamique transversale du véhicule, voici les différentes variables qui seront utilisées tout au long de ce chapitre.

$\psi(t), \dot{\psi}(t)$	Angle et vitesse de lacet
$\beta(t), \dot{\beta}(t)$	Angle et vitesse de dérive du véhicule au centre de gravité
$\alpha_1(t), \alpha_2(t)$	Angles de dérive des pneumatiques avant et arrière
$\theta(t), \dot{\theta}(t)$	Angle et vitesse de roulis
$a_Y(t)$	Accélération transversale
$V_X(t)$	Vitesse longitudinale
$V_Y(t)$	Vitesse transversale au centre de gravité
i_S	Démultiplication de la direction
$\delta_H(t)$	Angle au volant
$\delta(t)$	Angle de braquage
M	Masse totale du véhicule
m_s	Masse suspendue du véhicule
I_{XZ}	Produit d'inertie roulis-lacet
I_{XX}	Moment d'inertie de roulis
I_{ZZ}	Moment d'inertie de lacet
l_1	Distance entre le train avant et le centre de gravité
l_2	Distance entre le train arrière et le centre de gravité
l	Distance entre les trains avant et arrière ou empattement
h_1	Hauteur du centre de roulis avant
h_2	Hauteur du centre de roulis arrière
h_g	Hauteur du centre de gravité
h_0	Distance entre le centre de gravité et l'axe de roulis
D_1	Rigidité de dérive avant
D_2	Rigidité de dérive arrière
Aro	Coefficient global d'amortissement de roulis
Kro	Coefficient global de raideur de roulis

F_X	Force longitudinale au centre de gravité
F_{X1}	Force longitudinale au train avant
F_{X2}	Force longitudinale au train arrière
F_Y	Force transversale au centre de gravité
F_{Y1}	Force transversale au train avant
F_{Y2}	Force transversale au train arrière
F_Z	Force verticale au centre de gravité
M_X	Moment autour de l'axe de roulis
M_Y	Moment autour de l'axe de tangage
M_Z	Moment autour de l'axe de lacet

Nous appliquons le principe fondamental de la dynamique au centre de gravité du véhicule, dans le repère absolu (O,X,Y,Z) (figure 2.3) :

$$Ma = \sum F \Leftrightarrow \begin{cases} Ma_X = F_X \\ Ma_Y = F_Y \\ Ma_Z = F_Z \end{cases} . \tag{2.12}$$

Dans l'annexe A, nous présentons le développement complet de l'application du principe fondamental de la dynamique ainsi que celle du moment dynamique. Nous présentons dans cette partie les principales équations. Si nous projetons l'accélération de 2.12 dans le repère du véhicule (G,x,y,z), nous obtenons les expressions suivantes :

$$\begin{aligned} F_X &= M\left(\frac{dV}{dt}\cos(\beta) - V\left(\dot{\psi}+\dot{\beta}\right)\sin(\beta)\right) - m_s h_0 \dot{\theta}\dot{\psi}, \\ F_Y &= M\left(V\left(\dot{\psi}+\dot{\beta}\right)\cos(\beta) + \frac{dV}{dt}\sin(\beta)\right) - m_s h_0 \ddot{\theta}, \\ F_Z &= 0. \end{aligned} \tag{2.13}$$

Pour établir les équations des moments autour des axes du véhicule, nous appliquons le théorème du moment dynamique en G.

$$\begin{aligned} M_X &= \left(I_{XX} + m_s h_0^2\right)\ddot{\theta} + I_{XZ}\ddot{\psi} - m_s h_0 V \cos(\beta)\left(\dot{\beta}+\dot{\psi}\right) - m_s h_0 \sin(\beta)\frac{dV}{dt}, \\ M_Y &= -m_s h_0 V \sin(\beta)\left(\dot{\beta}+\dot{\psi}\right) + m_s h_0 \cos(\beta)\frac{dV}{dt} \\ &\quad + \left(I_{XX} - I_{ZZ} + m_s h_0^2\right)\dot{\theta}\dot{\psi} - I_{XZ}\left(\dot{\theta}^2 - \dot{\psi}^2\right), \\ M_Z &= m_s h_0 V \cos(\beta)\dot{\theta} + I_{XZ}\ddot{\theta} + I_{ZZ}\ddot{\psi} . \end{aligned} \tag{2.14}$$

2.3.2 Structures Lacet-Roulis-Dérive

Les premiers membres des équations (2.13) et (2.14) représentent les forces et les moments extérieurs appliqués sur l'ensemble du véhicule ou sur la caisse uniquement. Nous allons tout d'abord exprimer ces différentes actions.

2.3.2.1 Forces extérieures

Selon Newton, nous pouvons exprimer les efforts longitudinaux à partir de l'accélération longitudinale par la formule :

$$F_X = F_{X1} + F_{X2} = Ma_X \ . \tag{2.15}$$

L'accélération transversale du véhicule peut se décomposer en une somme de forces latérales générées au niveau de l'interface roue/sol. Ainsi, l'effort transversal peut s'écrire sous la forme :

$$F_Y = F_{Y1} + F_{Y2} = Ma_Y \ . \tag{2.16}$$

Comme le modèle est construit sous l'hypothèse de faibles accélérations transversales (inférieures à 0.4g), l'expression des forces transversales du pneumatique est obtenue par l'équation (2.4). Nous aurons alors une relation entre l'effort transversal de chaque train du véhicule et l'angle de dérive équivalent au train ainsi que de la rigidité de dérive de chaque train.

$$\begin{aligned} F_{Y1} &= -D_1 \cdot \alpha_1, \\ F_{Y2} &= -D_2 \cdot \alpha_2. \end{aligned} \tag{2.17}$$

Dans l'équation (2.17), nous négligeons les braquages induits par le roulis et le phénomène de ballant (ou longueur de relaxation) du pneumatique.

À partir de la figure 2.8, pour obtenir l'angle de dérive au pneu avant, nous exprimons le vecteur vitesse V_1 en fonction de V et de ses composantes longitudinale V_X et transversale V_Y, puis nous déterminons α_0 :

$$\begin{aligned} V_1 &= \begin{pmatrix} V_{X1} \\ V_{Y1} \\ V_{Z1} \end{pmatrix} = \begin{pmatrix} V_X \\ V_Y + h_1\dot{\theta} + l_1\dot{\psi} \\ 0 \end{pmatrix} \\ \alpha_0 &= \arctan\left(V_{Y1}/V_{X1}\right) \approx \left(V_{Y1}/V_{X1}\right) \\ \alpha_0 &= \frac{V_Y + h_1\dot{\theta} + l_1\dot{\psi}}{V_X} \approx \beta + \frac{h_1\dot{\theta}}{V_X} + \frac{l_1\dot{\psi}}{V_X} \\ \alpha_1 &= \alpha_0 - \delta \approx \beta + \frac{h_1\dot{\theta}}{V_X} + \frac{l_1\dot{\psi}}{V_X} - \delta \end{aligned} \tag{2.18}$$

En réalisant la même démarche pour la dérive au pneu arrière nous obtenons :

$$\alpha_2 \approx \beta + \frac{h_2 \dot{\theta}}{V_X} - \frac{l_2 \dot{\psi}}{V_X} \tag{2.19}$$

2.3.2.2 Moments extérieurs

Comme nous négligeons le phénomène de tangage, le terme M_Y de l'équation (2.14) n'est pas utilisé dans la modélisation. Concernant les autres moments dynamiques, nous avons le roulis dont le moment va être défini par les coefficients Kro et Aro définis dans la figure 2.9. La dynamique de lacet est essentiellement affectée par les forces transversales appliquées aux trains. Nous pouvons alors définir les membres M_X et M_Z de l'équation (2.14) :

$$\begin{aligned} M_X &= -Kro \cdot \theta - Aro \cdot \dot{\theta}, \\ M_Z &= l_1 F_{Y1} - l_2 F_{Y2}, \end{aligned} \tag{2.20}$$

avec F_{Y1} et F_{Y2} définis par l'équation (2.17).

2.3.2.3 Structure non linéaire lacet-roulis-dérive : LaRouDéNL

En regroupant les équations (2.13), (2.14), (2.15), (2.16), (2.17) et (2.20), nous obtenons les équations de la structure LaRouDéNL :

$$\begin{aligned} F_{X1} + F_{X2} &= M \left(\frac{dV}{dt} \cos(\beta) - V \left(\dot{\psi} + \dot{\beta} \right) \sin(\beta) \right) - m_s h_0 \dot{\theta} \dot{\psi}, \\ \\ -D_1 (\beta &+ \frac{h_1 \dot{\theta}}{V_X} + \frac{l_1 \dot{\psi}}{V_X} - \delta) - D_2 (\beta + \frac{h_2 \dot{\theta}}{V_X} - \frac{l_2 \dot{\psi}}{V_X}) = -m_s h_0 \ddot{\theta} \\ +M &\left(V \left(\dot{\psi} + \dot{\beta} \right) \cos(\beta) + \frac{dV}{dt} \sin(\beta) \right), \\ \\ -Kro \cdot \theta &- Aro \cdot \dot{\theta} = \left(I_{XX} + m_s h_0^2 \right) \ddot{\theta} + I_{XZ} \ddot{\psi} \\ -m_s h_0 V &\cos(\beta) \left(\dot{\beta} + \dot{\psi} \right) - m_s h_0 \sin(\beta) \frac{dV}{dt}, \\ \\ -l_1 D_1 (\beta &+ \frac{h_1 \dot{\theta}}{V_X} + \frac{l_1 \dot{\psi}}{V_X} - \delta) + l_2 D_2 (\beta + \frac{h_2 \dot{\theta}}{V_X} - \frac{l_2 \dot{\psi}}{V_X}) = \\ m_s h_0 V &\cos(\beta) \dot{\theta} + I_{XZ} \ddot{\theta} + I_{ZZ} \ddot{\psi} \end{aligned} \tag{2.21}$$

2.3.2.4 Structure linéaire lacet-roulis-dérive : LaRouDé

Pour obtenir une structure linéaire à partir des équations de (2.21), nous devons poser des hypothèses supplémentaires :

- les angles de dérive au centre de gravité sont de faibles amplitudes (typiquement inférieurs à 5°). Ainsi, nous pouvons considérer que :

$$\cos(\beta) \approx 1,$$
$$\sin(\beta) \approx \beta\,; \tag{2.22}$$

- la vitesse longitudinale est constante, nous avons donc :

$$\frac{dV}{dt} = 0\,; \tag{2.23}$$

- le comportement longitudinal est négligé : la première équation de (2.21) n'est pas prise en compte.

Ainsi, nous obtenons les équations de la structure linéaire :

$$-D_1(\beta + \frac{h_1\dot{\theta}}{V_X} + \frac{l_1\dot{\psi}}{V_X} - \delta) - D_2(\beta + \frac{h_2\dot{\theta}}{V_X} - \frac{l_2\dot{\psi}}{V_X}) = -m_s h \ddot{\theta} + MV\left(\dot{\psi} + \dot{\beta}\right),$$

$$-Kro \cdot \theta - Aro \cdot \dot{\theta} = \left(I_{XX} + m_s h_0^2\right)\ddot{\theta} + I_{XZ}\ddot{\psi} - m_s h_0 V\left(\dot{\beta} + \dot{\psi}\right), \tag{2.24}$$

$$-l_1 D_1(\beta + \frac{h_1\dot{\theta}}{V_X} + \frac{l_1\dot{\psi}}{V_X} - \delta) + l_2 D_2(\beta + \frac{h_2\dot{\theta}}{V_X} - \frac{l_2\dot{\psi}}{V_X}) = m_s h_0 V \dot{\theta} + I_{XZ}\ddot{\theta} + I_{ZZ}\ddot{\psi}.$$

Cette structure peut être représentée sous forme d'équations d'états linéaires, en choisissant pour états, les variables suivantes : β, $\dot{\psi}$, θ et $\dot{\theta}$.

$$G \cdot \begin{pmatrix} \dot{\beta} \\ \ddot{\psi} \\ \dot{\theta} \\ \ddot{\theta} \end{pmatrix} = H \cdot \begin{pmatrix} \beta \\ \dot{\psi} \\ \theta \\ \dot{\theta} \end{pmatrix} + N \cdot \delta, \tag{2.25}$$

avec

$$G = \begin{pmatrix} MV & 0 & 0 & -m_s h_0 \\ -m_s h_0 V & -I_{XZ} & 0 & I_{XX} + m_s h_0^2 \\ 0 & I_{ZZ} & 0 & -I_{XZ} \\ 0 & 0 & 1 & 0 \end{pmatrix}, \quad N = \begin{pmatrix} D_1 \\ 0 \\ L_1 D_1 \\ 0 \end{pmatrix},$$

$$H = \begin{pmatrix} -(D_1 + D_2) & \dfrac{L_2 D_2 - L_1 D_1}{V} - MV & 0 & -\dfrac{D_1 h_1 + D_2 h_2}{V} \\ 0 & m_s h_0 V & -Kro & -Aro \\ L_2 D_2 - L_1 D_1 & \dfrac{L_2^2 D_2 - L_1^2 D_1}{V} & 0 & \dfrac{-D_1 h_1 L_1 + D_2 h_2 L_2}{V} \\ 0 & 0 & 0 & 1 \end{pmatrix}.$$

(2.26)

2.3.3 Structure Lacet-Dérive

La structure Lacet-Dérive plus connue sous le nom de structure de modèle bicyclette, est définie selon les équations (2.21) en négligeant la dynamique de roulis. Comme pour la structure La-RouDé, nous allons distinguer une formulation non linéaire (LaDéNL) d'une formulation linéaire (LaDé).

2.3.3.1 Structure non linéaire lacet-dérive : LaDéNL

En enlevant la contribution du roulis des équations (2.21), à savoir $\ddot{\theta} = \dot{\theta} = \theta = 0$, nous obtenons :

$$\begin{aligned} F_{X1} + F_{X2} &= M\left(\frac{dV}{dt}\cos(\beta) - V\left(\dot{\psi} + \dot{\beta}\right)\sin(\beta)\right), \\ -D_1(\beta + \frac{l_1\dot{\psi}}{V_X} - \delta) - D_2(\beta - \frac{l_2\dot{\psi}}{V_X}) &= M\left(V\left(\dot{\psi} + \dot{\beta}\right)\cos(\beta) + \frac{dV}{dt}\sin(\beta)\right), \\ -l_1 D_1(\beta + \frac{l_1\dot{\psi}}{V_X} - \delta) + l_2 D_2(\beta - \frac{l_2\dot{\psi}}{V_X}) &= I_{ZZ}\ddot{\psi} \ . \end{aligned}$$

(2.27)

2.3.3.2 Structure linéaire lacet-dérive : LaDé

La structure lacet-dérive linéaire est obtenue en partant des équations de (2.27), en considérant la vitesse constante ($\dfrac{dV}{dt} = 0$) et l'angle de dérive faible. La première équation de (2.27) n'est pas prise en compte puisqu'elle sert à décrire la variation de la vitesse longitudinale.

$$-D_1(\beta + \frac{l_1\dot{\psi}}{V_X} - \delta) - D_2(\beta - \frac{l_2\dot{\psi}}{V_X}) = MV\left(\dot{\psi} + \dot{\beta}\right),$$

$$-l_1 D_1(\beta + \frac{l_1\dot{\psi}}{V_X} - \delta) + l_2 D_2(\beta - \frac{l_2\dot{\psi}}{V_X}) = I_{ZZ}\ddot{\psi}.$$

(2.28)

Cette structure peut être représentée sous forme d'équations d'états linéaires, en choisissant pour états, les variables suivantes : β et $\dot{\psi}$.

$$\begin{pmatrix} \dot{\beta} \\ \ddot{\psi} \end{pmatrix} = A \cdot \begin{pmatrix} \beta \\ \dot{\psi} \end{pmatrix} + B \cdot \delta,$$

$$A = \begin{pmatrix} \dfrac{-D_1 - D_2}{MV} & \dfrac{-D_1 l_1 + D_2 l_2}{MV^2} - 1 \\ \dfrac{-D_1 l_1 + D_2 l_2}{I_{ZZ}} & \dfrac{-D_1 l_1^2 - D_2 l_2^2}{I_{ZZ} V} \end{pmatrix}, \quad B = \begin{pmatrix} \dfrac{D_1}{MV} \\ \dfrac{D_1 l_1}{I_{ZZ}} \end{pmatrix}.$$

(2.29)

2.3.4 Propriétés structurelles des modèles

Comme nous l'avons mentionné au paragraphe 1.2.2, l'étude de l'identifiabilité, de discernabilité et de sensibilité des paramètres permet d'obtenir des informations importantes sur les structures de modèle avant même de les confronter à des mesures réelles lors de l'estimation de leurs paramètres.

2.3.4.1 Étude de l'identifiabilité des modèles

L'analyse théorique d'identifiabilté des modèles est délicate, car les calculs formels induits par l'étude de l'identifiabilité structurelle sont lourds, voir irréalisables par le biais de logiciels de calcul formel tels que Maple et Mathematica. Ainsi, l'analyse est réalisée numériquement (§ 1.2.2.1). Dans Schmitt (1999), l'étude d'identifiabilité des modèles linéaires LaDé et LaRouDé a été réalisée et a montré qu'ils étaient identifiables dans un contexte idéalisé (absence de bruit de mesure et d'erreur structurelle et excitation suffisamment persistante). Haro-Sandoval (2006) a montré qu'en utilisant un protocole excitatoire provenant de mesures réelles, nous avons les mêmes conclusions pour les deux modèles linéaires.

Concernant les structures LaRouDéNL et LaDéNL, nous avons réalisé l'étude d'identifiabilité en prenant comme signal d'excitation un signal sinusoïdal dont la fréquence croît linéairement (sinus modulé en fréquence, ou sinus wobulé). Nous avons défini un vecteur de paramètres aléatoirement et nous avons simulé le comportement du modèle. Les fichiers d'entrées-sorties ont ensuite été utilisés dans une phase d'estimation de paramètres à partir d'un vecteur de paramètres initial.

D'après nos résultats, les paramètres D_1, D_2, I_{ZZ} pour le modèle LaDéNL et les paramètres D_1, D_2, I_{ZZ}, I_{XX}, Aro, Kro pour le modèle LaRouDéNL sont identifiables. Ainsi, les modèles linéaires sont également identifiables pour les jeux de paramètres cités précédemment.

2.3.4.2 Étude de discernabilité des modèles

Les modèles LaDé et LaDéNL sont issus de simplifications des modèles LaRouDé et LaRouDéNL. En d'autres termes, les modèles LaRouDé et LaRouDéNL sont les sur-ensembles respectifs des modèles LaDé et LaDéNL. Pour ces raisons, le modèle LaRouDé est structurellement non discernable du modèle LaDé de même que le modèle LaRouDéNL pour le modèle LaDéNL.

Pour vérifier la discernabilité des modèles LaRouDéNL et LaRouDé, nous utilisons des données fictives simulées du modèle LaRouDé et nous identifions le modèle LaRouDéNL. En raison de l'hypothèse de la vitesse constante pour le modèle LaRouDé, nous sommes en mesure de trouver des paramètres au modèle LaRouDéNL pour obtenir une similitude de comportement avec le modèle LaRouDé. Nous pouvons en conclure que le modèle LaRouDéNL est structurellement discernable du modèle LaRouDé. La réciproque étant fausse, nous ne pouvons pas conclure que les modèles sont structurellement discernables.

La discernabilité ne constitue qu'un élément supplémentaire à la disposition du modéliste pour effectuer un choix du modèle final parmi les quatre modèles pressentis. Dans le cas de nos travaux, nous n'avons pas voulu éliminer une ou plusieurs structures avant de les confronter à des mesures réelles, lors de la phase d'identification.

2.3.4.3 Étude de sensibilité des paramètres des modèles

L'analyse de sensibilité révèle l'influence des paramètres sur le comportement du modèle utilisé. Dans cette partie, nous allons étudier uniquement la sensibilité des paramètres identifiables de chacun des modèles. Le principe de l'analyse de sensibilité a été énoncé au paragraphe 1.2.2.3. L'inconvénient majeur d'une telle étude est qu'elle est locale, car la fonction de sensibilité fréquentielle définie par l'équation (1.6) est évaluée pour un jeu de paramètres donné. De même, pour les modèles non linéaires, la mise sous une forme de fonction de transfert n'apporte rien car la réponse fréquentielle est trop compliquée. L'analyse temporelle est alors préférée à l'analyse fréquentielle.

Alors, nous mettons en valeur la sensibilité du modèle par rapport aux paramètres de la manière suivante. Nous nous plaçons dans un contexte réel, où l'excitation des modèles est obtenue par des fichiers de mesures. Nous simulons le comportement du modèle possédant un jeu de paramètres nominal. Puis, nous faisons varier de 1% la valeur d'un des paramètres et nous évaluons le comportement du modèle avec le nouveau jeu de paramètres. Nous comparons les deux comportements et nous en déduisons leur écart en pourcentage par rapport au comportement nominal.

Il est évident que le fait de faire varier un seul élément du vecteur de paramètres du modèle à la fois, ne nous permet pas d'étudier la sensibilité des modèles dans sa globalité. Ainsi, nous avons également étudié le couplage des paramètres. Pour cela, nous avons fait varier des groupes de paramètres et nous avons évalué l'écart de chaque sortie par rapport à leur valeur nominale. Nous obtenons quasiment les mêmes résultats, à savoir que dans notre application, lorsqu'une sortie est sensible à un unique paramètre, elle l'est également pour un ensemble de paramètres contenant ce paramètre. Nous présentons donc uniquement les résultats de l'analyse de sensibilité dans le cas d'une variation indépendante de chaque paramètre.

a. Le modèle LaDéNL

Prenons, par exemple, le modèle LaDéNL et faisons varier successivement la valeur de ces paramètres nominaux. Nous utilisons comme excitation au modèle, les mesures d'un essai réel. Cet essai correspond au déplacement du véhicule sur un cercle de rayon 50 m à vitesse constante. Le pilote accélère progressivement pour atteindre la vitesse de consigne et la maintient tout en conservant la trajectoire circulaire du véhicule. Les figures 2.11 et 2.12 présentent l'influence de variation des paramètres D_1, D_2 et I_{ZZ} sur les sorties « vitesse », « dérive », « vitesse de lacet » et « accélération transversale » du modèle LaDéNL.

Comme nous l'avons vu au paragraphe 1.2.2.3, l'analyse de sensibilité dans le domaine temporel a pour principal inconvénient de dépendre du signal d'entrée du modèle. Ainsi, nous avons réalisé la même procédure en utilisant cette fois un signal d'excitation plus riche en fréquence : un signal de type sinus modulé en fréquence (l'étude spectrale des signaux est au paragraphe 2.4). Les figures 2.13 et 2.14 présentent l'influence de variation des paramètres D_1, D_2 et I_{ZZ} sur les sorties « vitesse », « dérive », « vitesse de lacet » et « accélération transversale » du modèle LaDéNL.

Les courbes seront interprétées dans le paragraphe 2.3.4.4.

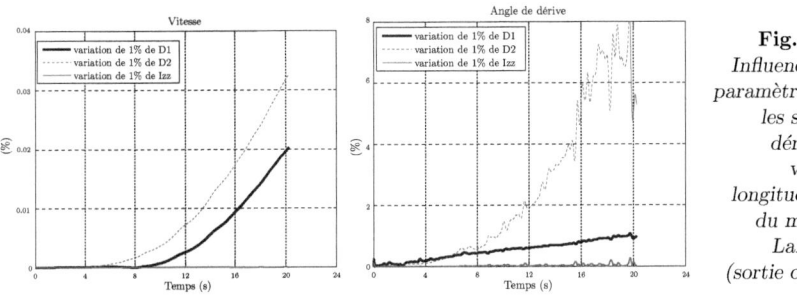

Fig. 2.11
Influence des paramètres sur les sorties dérive et vitesse longitudinale du modèle LaDéNL (sortie cercle)

Pour la sortie « vitesse » du modèle LaDéNL, les paramètres D_1, D_2 et I_{ZZ} ne sont pas sensibles, puisqu'une variation de 1% des paramètres génère une variation inférieure à 0,04% de la vitesse. Par contre pour la dérive, les paramètres D_1 et D_2 sont sensibles, avec un écart atteignant les 8% pour une variation de 1% de D_2.

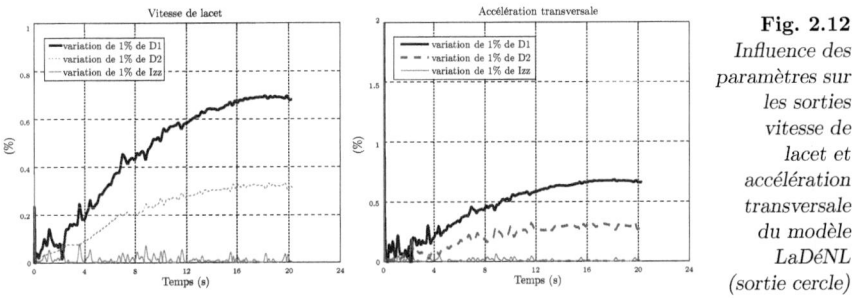

Fig. 2.12
Influence des paramètres sur les sorties vitesse de lacet et accélération transversale du modèle LaDéNL (sortie cercle)

Pour les sorties « vitesse de lacet » et « accélération transversale », la variation des paramètres a peu d'influence.

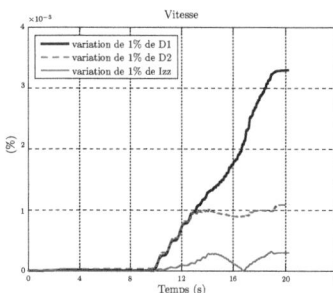 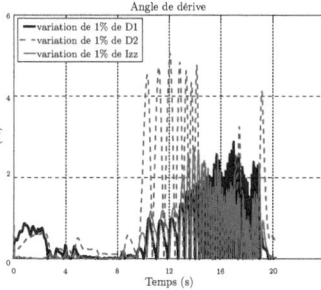

Fig. 2.13 Influence des paramètres sur les sorties dérive et vitesse longitudinale du modèle LaDéNL (sortie sinus wobulé)

Pour la sortie « vitesse » du modèle LaDéNL, les paramètres D_1, D_2 et I_{ZZ} ne sont pas sensibles, puisqu'une variation de 1% des paramètres génère une variation inférieure à 0,004% de la vitesse. Par contre pour la dérive, les paramètres D_1, D_2 et I_{ZZ} sont sensibles, avec un écart atteignant les 5% pour une variation de 1% de D_2.

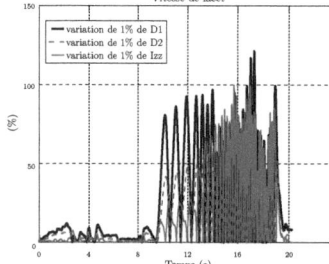 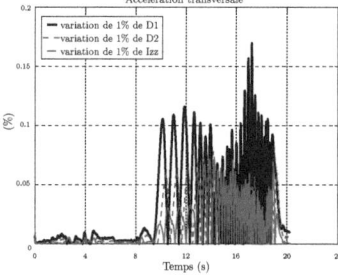

Fig. 2.14 Influence des paramètres sur les sorties vitesse de lacet et accélération transversale du modèle LaDéNL (sortie sinus wobulé)

Contrairement à l'analyse de sensibilité réalisée avec une entrée de type trajectoire circulaire, pour une excitation de type sinus wobulé, l'analyse révèle une forte sensibilité des paramètres D_1, D_2 et I_{ZZ} pour la sortie « vitesse de lacet ». Pour l'accélération transversale, les paramètres sont aussi peu influents que l'analyse de sensibilité précédente.

b. Le modèle LaRouDéNL

Nous avons réalisé la même étude de sensibilité pour le modèle LaRouDéNL. Nous avons ajouté par rapport au modèle LaDéNL, la sortie « vitesse de roulis » et la variation des paramètres Aro et Kro. Les mêmes excitations ont été utilisées. Les résultats sont présentés sur les figures 2.15 et 2.16 pour l'entrée « trajectoire circulaire » et les figures 2.17 et 2.18 pour l'entrée « sinus wobulé ».

L'étude des figures 2.15, 2.16, 2.17 et 2.18 montre que le niveau de sensibilité des différentes sorties a nettement diminué par rapport aux résultats de l'analyse de sensibilité du modèle LaDéNL. Cependant, au vu des résultats, les paramètres D_1 et D_2 pourront en théorie être estimés en utilisant comme sortie la mesure de la dérive aussi bien pour un essai de type trajectoire circulaire qu'un essai de type sinus wobulé. Concernant les paramètres liés directement à la dynamique de roulis, à savoir Kro et Aro, leur très faible influence sur les sorties des modèles ne nous garantit pas de bonnes conditions d'identification.

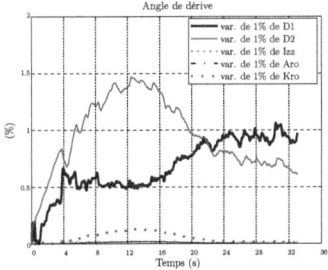
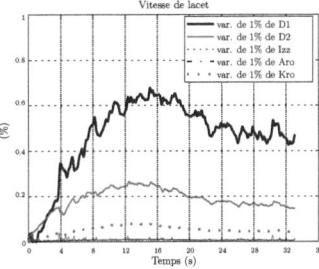

Fig. 2.15 *Influence des paramètres sur les sorties dérive et vitesse de lacet du modèle LaRouDéNL (entrée cercle)*

Comme pour l'analyse de sensibilité du modèle LaDéNL, la sortie « dérive » est sensible à une variation de D_1 et de D_2, alors que la sortie « vitesse de lacet » n'est pas sensible. Il est à noter que les nouveaux paramètres Kro et Aro n'influent pas sur ces deux sorties.

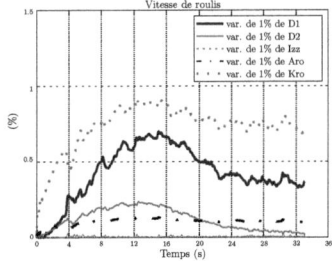

Fig. 2.16 *Influence des paramètres sur la sortie vitesse de roulis du modèle LaRouDéNL (entrée cercle)*

Le paramètre Kro a une très légère influence sur la sortie « vitesse de roulis » ainsi que le paramètre D_1.

72 ✦ Application à la modélisation de la dynamique transversale d'un véhicule

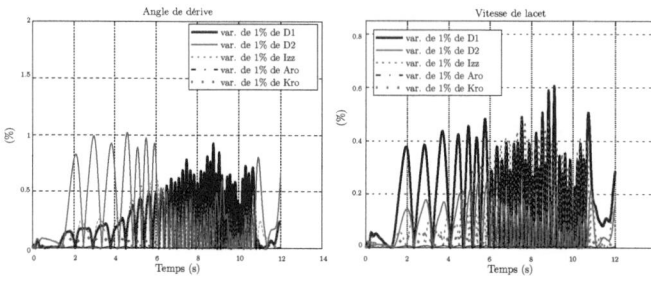

Fig. 2.17
Influence des paramètres sur les sorties dérive et vitesse de lacet du modèle LaRouDéNL (entrée sinus wobulé)

Le niveau de sensibilité des sorties « dérive » et « vitesse de lacet » a grandement diminué par rapport à l'analyse de la figure 2.14. Les courbes de sensibilité ne dépassent pas la valeur de 1%.

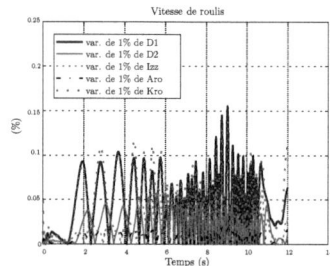

Fig. 2.18
Influence des paramètres sur la sortie vitesse de roulis du modèle LaRouDéNL (entrée sinus wobulé)

Pour l'excitation de type sinus wobulé, la sortie « vitesse de roulis » est insensible à la variation individuelle des paramètres du modèle.

2.3.4.4 Synthèse

Nous avons à notre disposition quatre structures de modèle de connaissance, dont deux non linéaires, pour modéliser le comportement transversal du véhicule :

- la structure LaRouDéNL ;
- la structure LaRouDé ;
- la structure LaDéNL ;
- et la structure LaDé.

Les deux modèles non linéaires permettent de prendre en compte des valeurs d'angles de dérive plus importantes que les modèles linéaires et de considérer la variation de la vitesse longitudinale du véhicule. Pour ces raisons, lors de la phase d'estimation, ces structures seront préférées aux structures linéaires.

Les propriétés structurelles des modèles sont favorables sous certaines conditions. En effet, en ce qui concerne l'analyse de sensibilité, nous venons de voir qu'en fonction du type d'excitation que nous choisissons en entrée des modèles, la sensibilité des paramètres est différente. Lorsque nous utilisons une excitation assez pauvre en variation d'angle au volant, nous avons montré que les sorties « vitesse de lacet » et « accélération transversale » sont insensibles à une variation des paramètres D_1 et D_2. Ainsi, l'estimation de ces paramètres, à l'aide de fichiers de mesures correspondant à des tests peu excitants, sera difficile si les mesures utilisées sont la vitesse de lacet et l'accélération transversale. Pour obtenir une bonne estimation des paramètres D_1 et D_2 avec ce type de fichiers de mesures, il est nécessaire d'utiliser la mesure de la dérive en plus de l'information de vitesse de lacet dans le processus d'identification.

Lorsque nous utilisons des fichiers de mesures correspondant à des essais excitant la dynamique transversale du véhicule (essais de type sinus wobulé), l'analyse de sensibilité nous indique que l'utilisation des mesures de la vitesse de lacet et de la dérive seront indispensables pour l'estimation des paramètres D_1 et D_2.

Enfin, l'analyse de sensibilité avec les excitations citées précédemment, compromet sérieusement la perspective d'obtenir de bons résultats pratiques pour l'identification de la dynamique de roulis et donc pour l'estimation des paramètres Kro et Aro.

Avant de vérifier que les résultats de l'analyse de sensibilité sont en accord avec les résultats d'estimation des paramètres, nous allons détailler dans la section suivante, le protocole expérimental ainsi que l'instrumentation de notre véhicule d'essai.

2.4 Protocole expérimental

2.4.1 Excitation nécessaire et réalisable

Pour garantir une estimation des paramètres d'un modèle correct, il faut s'assurer que l'excitation du véhicule permette de couvrir l'ensemble des dynamiques prises en compte dans les modèles choisis. Les plages de fréquence des principales dynamiques sont données dans le tableau 2.1.

Phénomène	Plage de fréquence
Lacet	0,3 – 1,3 Hz
Dérive	0,3 – 1,3 Hz
Roulis	0,3 – 3 Hz

Tab. 2.1
Plages de fréquence des dynamiques du véhicule

Les dynamiques de lacet et de dérive sont importantes pour les faibles fréquences. Le roulis possède une fréquence de coupure plus élevée.

Ainsi, pour l'estimation des paramètres physiques des modèles, il faudrait générer un signal d'excitation ayant une bande de fréquence au delà de 3 Hz. Le signal de référence pour l'excitation d'un système lors d'une phase d'identification, à savoir une séquence binaire pseudo aléatoire (SBPA), est irréalisable pour le véhicule. En effet, l'entrée principale des modèles véhicule est l'angle au volant, et le conducteur est incapable de réaliser ce type de commande. Depuis quelques années, lors d'essais spécifiques, un robot peut remplacer l'opérateur humain. L'utilisation d'un robot a pour grand avantage de permettre la répétabilité des essais. Mais, le robot est incapable de réaliser un signal d'excitation de type SBPA.

Le signal SBPA peut être remplacé par un signal sinusoïdal modulé en fréquence. Le conducteur génère une rotation du volant entre deux positions définies (par exemple ±30°) et augmente progressivement la vitesse de rotation du volant. Comme le montrent la figure 2.19 dans le domaine temporel et la figure 2.20 dans le domaine fréquentiel, lors d'essais réels, un opérateur humain expérimenté peut exécuter une excitation soutenue jusqu'à 3 Hz.

Un robot peut réaliser ce type d'excitation avec une fréquence d'excitation maximale supérieure à celle d'un opérateur humain. Mais au vu des plages de fréquences des dynamiques considérées par les modèles et des hypothèses de restriction pour la modélisation définies au paragraphes 2.3 et 2.3.2.4, l'excitation d'un opérateur humain expérimenté est acceptable et ne justifie pas l'acquisition d'un robot onéreux.

Dans le cadre de la modélisation de la dynamique transversale du véhicule présentée dans ce mémoire, nous avons choisi de prendre deux signaux d'excitation distincts qui ont chacun un intérêt particulier :

– une excitation au volant de type sinus wobulé ;
– une excitation au volant de sorte que le véhicule suive une trajectoire circulaire.

Le signal de type sinus wobulé a la particularité d'être relativement riche en fréquence et donc de nous placer dans des conditions favorables pour la quantification des structures du modèle. L'inconvénient majeur de ce type d'excitation est qu'elle n'est pas réalisable par un conducteur classique dans sa conduite de tous les jours.

Le deuxième signal d'excitation (figure 2.21) quant à lui, s'approche d'une manœuvre classique de conduite qu'un conducteur peut réaliser lorsqu'il prend un virage, un rond point ou encore une bretelle d'autoroute. Cependant les fréquences ne sont que très faiblement excitées par un tel signal et peuvent engendrer une quantification de moins bonne qualité.

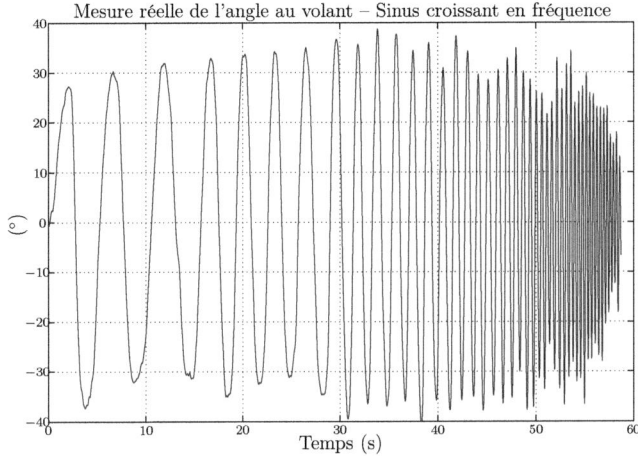

Fig. 2.19
Représentation temporelle d'une excitation de type sinus wobulé par un opérateur humain

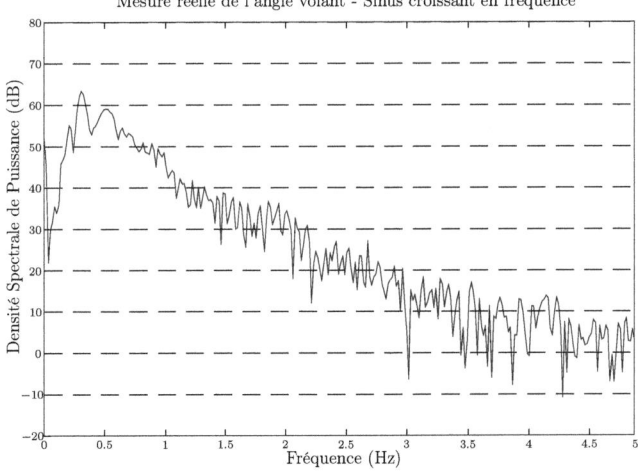

Fig. 2.20
Contenu fréquentiel d'une excitation de type sinus wobulé par un opérateur humain

L'excitation couvre une bande de fréquence entre 0 et 3 Hz. Au delà, la densité spectrale de puissance est faible.

Application à la modélisation de la dynamique transversale d'un véhicule

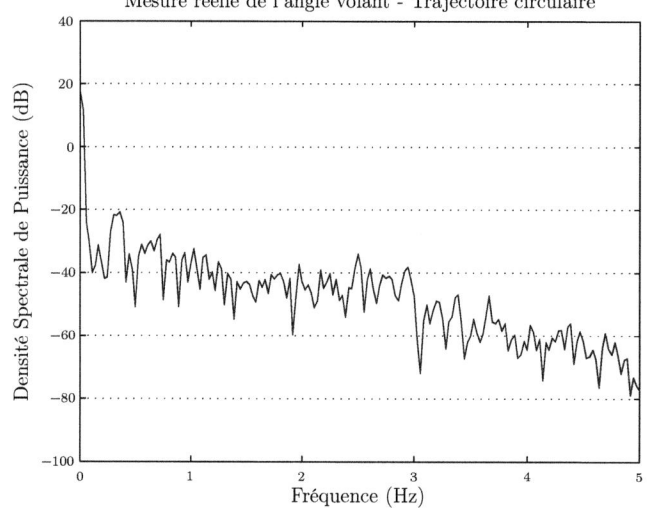

Fig. 2.21
Contenu fréquentiel d'une excitation de type trajectoire circulaire par un opérateur humain

La densité spectrale de puissance est dans son ensemble très faible.

2.4.2 Instrumentation du véhicule d'essai

2.4.2.1 Le véhicule d'essai

L'équipe MIAM possède quatre véhicules d'essais dont trois sont entièrement équipés à des fins de modélisation, d'identification, de contrôle ou encore de diagnostic. Parmi ces véhicules, les travaux présentés sont basés sur l'utilisation de l'un d'entre eux (figure 2.22). Chaque véhicule est utilisé comme support applicatif à différents projets, ainsi leur instrumentation est variable. La figure 2.23 présente un exemple d'instrumentation.

Fig. 2.22
Le véhicule d'essais

Le véhicule d'essais est un Renault Mégane coupé 16V 150 ch.

Fig. 2.23
Exemple de configuration matérielle du coffre du véhicule d'essais

La configuration matérielle présentée sur la figure est composée de récepteurs GPS (à gauche), d'un système d'acquisition DSpace Autobox (à droite), d'un capteur de vitesse Correvit V1 (au premier plan) et des boîtiers de distribution d'énergie et de récupération des données des capteurs (en arrière plan).

Dans le contexte des travaux de cette thèse, l'architecture matérielle est présentée au paragraphe suivant.

2.4.2.2 Instrumentation

Les principaux capteurs et dispositifs utilisés dans le cadre de la modélisation et de l'identification du comportement transversal du véhicule sont :
- une centrale inertielle ;
- un capteur d'angle au volant ;
- un capteur de vitesse ;
- un système d'acquisition.

a. La centrale inertielle

Elle permet d'obtenir les accélérations suivant les trois axes principaux du véhicule et les vitesses de rotation autour de ces axes. Nous avons acquis une unité de mesures inertielles MTi, produit de Xsens motion technologies. Cette centrale inertielle utilise en plus des trois accéléromètres et des trois gyromètres, une sonde de température et trois magnétomètres pour obtenir la mesure des angles de rotation autour des trois axes. Les principales caractéristiques de ce capteur sont fournies dans le tableau 2.2.

Concernant les mesures des angles de rotation, le constructeur fournit les caractéristiques suivantes :
- résolution angulaire : $0{,}05°$ RMS ;
- précision statique :
    - roulis, tangage : $< 0{,}5°$;
    - lacet : $< 1°$;
- précision dynamique : $2°$ RMS ;
- fréquence d'échantillonnage : ≤ 120Hz.

La centrale inertielle est placée à la position estimée du centre de gravité du véhicule et orientée de manière à confondre ses axes principaux avec ceux du véhicule définis dans la figure 2.3. Concrètement, la centrale inertielle est positionnée entre le frein à main et la boîte de vitesse sur le plancher du véhicule. Une erreur sur la position du centre de gravité est faite puisque l'estimation de la position est obtenue statiquement. Selon Porcel (2003), si nous considérons le déplacement du centre de gravité dans le plan du châssis du véhicule en situation de conduite normale, nous obtenons une variation de position comprise dans un cercle de diamètre 20 cm centrée en la position statique. Lors de situations de conduite critique, le déplacement du centre de gravité dans le plan peut atteindre 40 cm.

Les rotations angulaires autour des trois principaux axes sont obtenues à partir des mesures des accéléromètres et des magnétomètres. L'orientation du capteur dépend essentiellement de la mesure du champ magnétique terrestre, plus précisément de la position du Nord magnétique et de la mesure de la pesanteur. Dans un environnement sans champs magnétiques perturbateurs, la mesure des angles de rotation est correcte. Par contre, l'installation de la centrale inertielle

	Vitesse de rotation	Accélération	Champ magnétique	Température
Unités	$[deg/s]$	$[m/s^2]$	$[mGauss]$	$[°C]$
Pleine échelle (unités)	±300	±17	±750	-55...+125
Linéarité (% de PE)	0,1	0,2	1	< 1
Biais (unités 1σ)	5	0,02	0,5	0,5
Facteur d'échelle (% 1σ)	–	0,05	0,5	–
Densité de bruit (unités $\sqrt{Hz}$)	0,1	0,001	0,5	–
Bande passante (Hz)	40	30	10	–

Tab. 2.2 *Principales caractéristiques constructeur du capteur inertiel MTi*

au sein du véhicule est délicate, car de nombreuses perturbations magnétiques sont présentes : les moteurs des essuie-glaces, l'alternateur, le ventilateur du radiateur, l'électronique de base du véhicule ainsi que l'électronique rajoutée lors de l'instrumentation du véhicule. Pour mettre en valeur ce phénomène, la figure 2.24 présente la mesure d'un des magnétomètres lorsque le véhicule est à l'arrêt.

La mesure des angles de rotation autour des axes n'est donc pas fiable lorsque nous utilisons le capteur au sein de notre véhicule. Il existe une possibilité de calibration des magnétomètres pour éliminer l'influence des perturbations, mais cette procédure est intéressante seulement si la perturbation est uniforme et localisée par rapport au capteur, ce qui n'est pas le cas dans le véhicule.

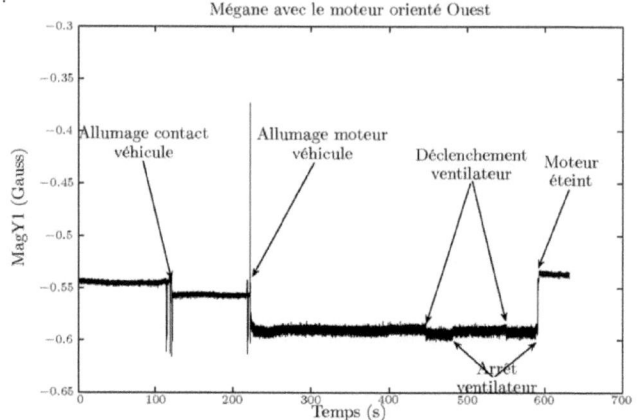

Fig. 2.24
Mesure d'un magnétomètre lorsque le capteur est dans le véhicule

La figure présente la mesure d'un magnétomètre orienté vers le Nord magnétique. Le véhicule est à l'arrêt et nous allumons l'électronique du véhicule puis le moteur. En raison du régulateur de température, le ventilateur se déclenche à deux reprises. Enfin nous éteignons le moteur.

b. Le capteur d'angle au volant

L'information « angle volant » évolue de façon linéaire et se caractérise par le rapport de démultiplication de la direction du véhicule. Ce rapport est fourni par le nombre de rotation du volant pour braquer les roues directrices d'une butée à l'autre. Un potentiomètre multitours de précision permet de recueillir l'information de rotation du volant. Comme il est impossible de monter le potentiomètre directement sur l'axe de rotation du volant, un système d'engrenages permet de déporter ce potentiomètre. Une couronne dentée, montée sur la base du volant, entraîne une deuxième roue dentée dont le centre de rotation est fixé sur l'axe du potentiomètre. Cette mesure est disponible et acquise en analogique.

c. Le capteur de vitesse

Le capteur de vitesse utilisé est présenté au paragraphe 3.2.1.1. Il est placé à l'arrière du véhicule, dans l'axe longitudinal du véhicule, à 1,6 m du centre de gravité et à 40 cm du sol.

d. Le système d'acquisition

La solution choisie pour l'acquisition des données de l'ensemble des capteurs est un Autobox, produit de DSpace. L'Autobox est une solution matérielle et logicielle particulièrement intéressante et performante. Le coeur de l'unité d'acquisition est un ensemble de cartes constitué d'une carte processeur DSP et de plusieurs cartes d'entrées-sorties. Ces cartes, reliées entre elles par un bus PHS se logent sur un bus ISA classique. Cet Autobox est en liaison avec un PC industriel ou un PC portable via un réseau Ethernet. Le PC sert, dans nos travaux, à développer les modèles d'acquisition (compilés puis transférés sur l'Autobox) et à récupérer les données des capteurs. Les cartes entrées-sorties de l'Autobox sont des convertisseurs analogique/numérique, des cartes d'acquisition de signaux numériques, des cartes permettant de récupérer les signaux sous format série RS232, des cartes bus CAN,...

Fig. 2.25
Position des différents capteurs

2.5 Estimation des paramètres

2.5.1 Choix du critère de coût

Lors du paragraphe 1.3.2, nous avons justifié le choix d'un critère quadratique.

En fonction des mesures disponibles sur le véhicule (§ 2.4.2.2) et des sorties des modèles, nous avons différentes possibilités pour définir le critère de coût. Nous choisissons nos critères de coût en fonction de l'étude de sensibilité. Nous allons utiliser les mesures/sorties de l'accélération transversale, la vitesse de lacet et l'angle de dérive.

Nous étudierons le critère de coût, désigné par $C_{LaDeNLserie}$ et défini par

$$\begin{aligned}C_{LaDeNLserie} &= \frac{1}{N\sigma_{\dot\psi}^2}\sum_{t=1}^{N}\left(\dot\psi_{\text{mes.}}(t)-\dot\psi_{\text{mod.}}(t)\right)^T\left(\dot\psi_{\text{mes.}}(t)-\dot\psi_{\text{mod.}}(t)\right)\\&+\frac{1}{N\sigma_{a_Y}^2}\sum_{t=1}^{N}\left(a_{Y\text{mes.}}(t)-a_{Y\text{mod.}}(t)\right)^T\left(a_{Y\text{mes.}}(t)-a_{Y\text{mod.}}(t)\right).\end{aligned} \quad (2.30)$$

Il utilise les capteurs embarqués dans un véhicule de série, à savoir l'accélération transversale (a_Y) et la vitesse de lacet ($\dot\psi$). N correspond au nombre d'échantillons du signal, $\sigma_{\dot\psi}^2$ à la variance de la vitesse de lacet et $\sigma_{a_Y}^2$ à la variance de l'accélération transversale. Les indices « mes. » et « mod. » représentent respectivement la mesure du capteur et la sortie du modèle. De cette manière, nous évaluerons la qualité de l'estimation des paramètres et ce que nous sommes en mesure d'attendre de l'identification d'un modèle à partir de ces seules informations.

L'analyse de sensibilité nous indique que pour des faibles excitations du système, il est nécessaire d'avoir la mesure de la dérive pour obtenir une estimation correcte des paramètres D_1, D_2. Ainsi, nous allons définir un critère, désigné par $C_{LaDeNLderive}$ qui utilise la seule information de l'angle de dérive (β) :

$$C_{LaDeNLderive} = \frac{1}{N\sigma_\beta^2} \sum_{t=1}^{N} (\beta_{\text{mes.}}(t) - \beta_{\text{mod.}}(t))^T (\beta_{\text{mes.}} - \beta_{\text{mod.}}). \qquad (2.31)$$

Afin d'évaluer le couplage entre les informations apportées par la vitesse de lacet et l'angle de dérive, nous utiliserons un troisième critère nommé $C_{LaDeNLcouple}$:

$$\begin{aligned} C_{LaDeNLcouple} &= \frac{1}{N\sigma_{\dot\psi}^2} \sum_{t=1}^{N} \left(\dot\psi_{\text{mes.}}(t) - \dot\psi_{\text{mod.}}(t) \right)^T \left(\dot\psi_{\text{mes.}}(t) - \dot\psi_{\text{mod.}}(t) \right) \\ &+ \frac{1}{N\sigma_\beta^2} \sum_{t=1}^{N} (\beta_{\text{mes.}}(t) - \beta_{\text{mod.}}(t))^T (\beta_{\text{mes.}}(t) - \beta_{\text{mod.}}(t)). \end{aligned} \qquad (2.32)$$

Enfin, pour l'estimation des paramètres du modèle LaRouDéNL, nous allons ajouter l'information de la vitesse de roulis en plus des critères précédents. Au vu des résultats présentés sur les figures 2.15, 2.16, 2.17 et 2.18, nous allons utiliser deux critères pour le modèle LaRouDéNL : le critère $C_{LaRouDeNLserie}$, utilisant la vitesse de roulis et la vitesse de lacet et le critère $C_{LaRouDeNLcouple}$, utilisant l'angle de dérive et la vitesse de roulis.

2.5.2 Choix des structures à identifier

Parmi les structures de modèle proposées précédemment, nous avons préféré identifier les structures non linéaires. En effet, en raison de la prise en compte de la variation de la vitesse longitudinale par les deux structures non linéaires, nous exploitons à la fois, la phase de démarrage ainsi que les manœuvres à vitesse constante. Nous utilisons ainsi plus d'informations que dans le cas des structures linéaires, dont la plage d'utilisation est restreinte à une vitesse longitudinale constante.

2.5.2.1 La structure LaDéNL

Les paramètres de la structure lacet-dérive non linéaire sont fournis par le constructeur et donnés dans le tableau 2.3.

Parmi les paramètres présentés dans le tableau 2.3, et selon l'étude d'identifiabilité présentée au paragraphe 1.2.2, nous avons choisi d'identifier les paramètres I_{ZZ}, D_1 et D_2. Les autres paramètres sont identifiés par approche directe, comme le montre la figure 2.26 pour un autre véhicule du laboratoire et repris dans Caroux et al. (2006a). Cette figure présente la mesure de la masse et la localisation du centre de gravité pour déterminer les paramètres l_1 et l_2 (confirmant les données constructeurs). Les incertitudes sont calculées en fonction de la précision de mesure des balances utilisées. Les incertitudes des autres paramètres sont fournies par le constructeur.

Fig. 2.26 Mesure de la masse et de la position du centre de gravité

Sur la photo de gauche est présenté le système des 4 balances permettant la pesée du véhicule. Sur la photo de droite, nous utilisons ce même système de pesée pour établir la position du centre de gravité à partir de la répartition de masses mesurées par chacune des balances lorsque le véhicule est sur une surface plane, sur un plan incliné latéralement et sur un plan incliné longitudinalement.

Symbole	Signification	Valeur	Incertitude (%)	Unité
M	Masse totale du véhicule	1 342	0,1	kg
l_1	Distance du centre de gravité au train avant	1,01	20	m
l_2	Distance du centre de gravité au train arrière	1,46	20	m
I_{ZZ}	Moment d'inertie de lacet	1 813	20	kg·m²
D_1	Rigidité de dérive avant	103 517	20	N/rad
D_2	Rigidité de dérive arrière	148 593	20	N/rad

Tab. 2.3 Paramètres physiques utilisés par le modèle LaDéNL

Symbole	Signification	Valeur	Incertitude (%)	Unité
m_s	Masse suspendue du véhicule	1 202	0,1	kg
h_0	Distance entre le centre de gravité et le centre de roulis	0,35	20	m
h_1	Hauteur de l'axe de roulis avant	0,09	Non précisé	m
h_2	Hauteur de l'axe de roulis arrière	0,05	Non précisé	m
I_{XZ}	Produit d'inertie roulis-lacet	40	50	kg·m²
I_{XX}	Moment d'inertie de roulis	250	50	kg·m²
Kro	Rigidité totale de roulis	18 336	15	N/rad
Aro	Amortissement de roulis	2 600	40	Nm/rad/s

Tab. 2.4
Paramètres physiques supplémentaires utilisés par le modèle LaRouDéNL

2.5.2.2   La structure LaRouDéNL

Les paramètres additionnels de la structure lacet-roulis-dérive non linéaire par rapport à la structure lacet-dérive non linéaire sont fournis par le constructeur et donnés dans le tableau 2.4.

Parmi les paramètres présentés dans le tableau 2.4, nous avons choisi d'ajouter au vecteur de paramètres à estimer de la structure LaDéNL les paramètres *Aro* et *Kro*.

2.5.3   Résultats d'estimation

Les résultats présentés dans cette partie ont été obtenus à l'aide des algorithmes présentés au paragraphe 1.3.3.2. Ils sont appliqués à l'identification des structures LaDéNL et LaRouDéNL, avec pour critères de coût, ceux présentés au paragraphe 2.5.1. Les fichiers de mesures utilisés décrivent principalement deux types d'excitation : le suivi d'une trajectoire circulaire à vitesse constante et une excitation plus riche en fréquence correspondant à une manœuvre de type sinus modulé en fréquence au volant. Ces deux types d'excitation ont été présentés au paragraphe 2.4.

Les signaux présentés dans les figures de cette partie « résultats » ont été filtrés à une fréquence de coupure de 10 Hz par un filtre passe-bas de type Butterworth du quatrième ordre.

Tous les résultats et les courbes présentés dans les deux parties suivantes (§2.5.3.1 et §2.5.3.2) sont interprétés dans la partie 2.5.3.3. Les résultats présentés sont issus de validations croisées, c'est à dire que les paramètres estimés permettent de simuler le modèle et de le comparer avec des fichiers de mesures différents de ceux utilisés pour l'estimation. Ainsi, nous réalisons directement une validation de la structure de modèle quantifiée.

Dans chacun des tableaux présentés, les erreurs RMS correspondent aux valeurs finales des critères de coût utilisés.

2.5.3.1   Signaux de type sinus modulé en fréquence

Nous allons nous intéresser, dans un premier temps, à l'identification des modèles LaDéNL et LaRouDéNL avec des fichiers de mesures correspondant à une manœuvre au volant de type sinus modulé en fréquence.

a.   Structure LaDéNL

Le tableau 2.5 présente les résultats de l'estimation des paramètres D_1, D_2 et I_{ZZ} pour le critère $C_{LaDeNLserie}$. Nous rappelons que ce critère se base sur la vitesse de lacet et l'accélération transversale. Les figures 2.27 et 2.28 représentent la comparaison entre les sorties du modèle et les mesures des capteurs.

Le tableau 2.6 présente les résultats de l'estimation des paramètres D_1, D_2 et I_{ZZ} pour le critère $C_{LaDeNLderive}$. Nous rappelons que ce critère se base sur l'angle de dérive. La comparaison

Application à la modélisation de la dynamique transversale d'un véhicule

Symbole	Unité	Valeur estimée
D_1	N/rad	111 544
D_2	N/rad	111 729
I_{ZZ}	kg·m²	1 543
Erreurs RMS		
Vit. de lacet	rad/s	$2{,}3 \times 10^{-4}$
Acc. transv.	m·s²	$2{,}1 \times 10^{-3}$

Tab. 2.5
Résultat de l'estimation des paramètres du modèle LaDéNL avec le critère $C_{LaDeNLserie}$

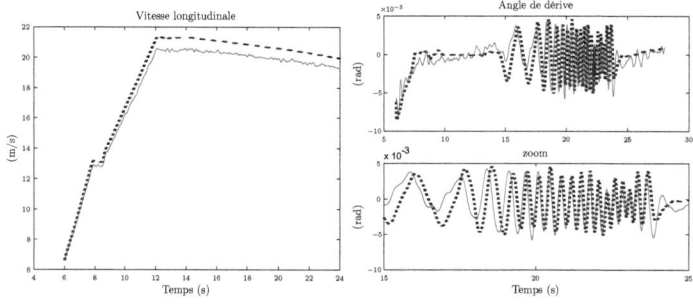

Fig. 2.27
Comparaison des sorties vitesse et dérive avec les mesures réelles d'un essai sinus wobulé pour le critère $C_{LaDeNLserie}$ et le modèle LaDéNL

Les mesures de la vitesse longitudinale et de l'angle de dérive (en trait plein) n'étant pas utilisé par le critère, nous obtenons un écart entre les sorties du modèle et les mesures.

entre les sorties du modèle et les mesures des capteurs est présentée en annexe de ce mémoire (figures B.1 et B.2).

Enfin, le tableau 2.7 présente les résultats de l'estimation des paramètres D_1, D_2 et I_{ZZ} pour le critère $C_{LaDeNLcouple}$. Nous rappelons que ce critère se base sur l'angle de dérive et la vitesse de lacet. La comparaison entre les sorties du modèle et les mesures des capteurs est présentée en annexe de ce mémoire (figures B.3 et B.4).

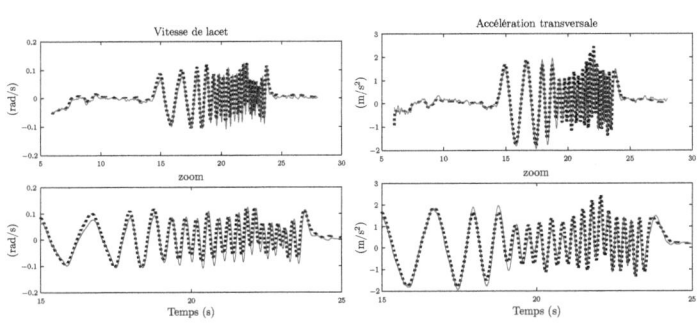

Fig. 2.28 Comparaison des sorties vitesse de lacet et accélération transversale avec les mesures réelles d'un essai sinus wobulé pour le critère $C_{LaDeNLserie}$ et le modèle LaDéNL

Les mesures de la vitesse de lacet et de l'accélération transversale(en trait plein) sont utilisées dans le critère de coût, nous observons un comportement du modèle très proche de celui du système réel.

Symbole	Unité	Valeur estimée
D_1	N/rad	103 409
D_2	N/rad	111 535
I_{ZZ}	kg·m²	545
Erreur RMS		
Ang. de dérive	rad	$1{,}1 \times 10^{-5}$

Tab. 2.6 Résultat de l'estimation des paramètres du modèle LaDéNL avec le critère $C_{LaDeNLderive}$

Symbole	Unité	Valeur estimée
D_1	N/rad	115 396
D_2	N/rad	149 976
I_{ZZ}	kg·m²	2 495
Erreurs RMS		
Ang. de dérive	rad	$2{,}1 \times 10^{-5}$
Vit. de lacet	rad/s	$1{,}9 \times 10^{-4}$

Tab. 2.7 Résultat de l'estimation des paramètres du modèle LaDéNL avec le critère $C_{LaDeNLcouple}$

b. Structure LaRouDéNL

Le tableau 2.8 présente les résultats de l'estimation des paramètres D_1, D_2, I_{ZZ}, Aro et Kro pour le critère $C_{LaRouDeNLserie}$. Nous rappelons que ce critère se base sur la vitesse de lacet et la vitesse de roulis. Les figures 2.29 et 2.30 représentent la comparaison entre les sorties du modèle et les mesures des capteurs.

Symbole	Unité	Valeur estimée
D_1	N/rad	152 930
D_2	N/rad	129 207
I_{ZZ}	kg·m²	2 500
Aro	Nm/rad/s	31 573
Kro	N/rad	112 658
Erreurs RMS		
Vit. de lacet	rad/s	$6{,}3 \times 10^{-4}$
Vit. de roulis	rad/s	$4{,}8 \times 10^{-4}$

Tab. 2.8 *Résultat de l'estimation des paramètres du modèle LaRouDéNL avec le critère $C_{LaRouDeNLserie}$*

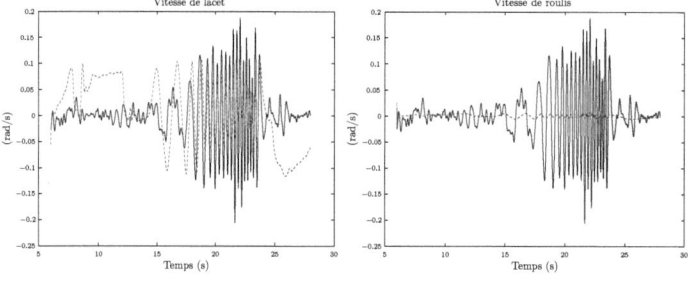

Fig. 2.29 *Comparaison des sorties vitesses de lacet et de roulis avec les mesures réelles d'un essai sinus wobulé pour le critère $C_{LaRouDeNLserie}$ et le modèle LaRouDéNL*

Les sorties vitesses de lacet et de roulis du modèle, comparées aux sorties réelles (trait plein) ne sont pas satisfaisantes, sachant que le critère de coût $C_{LaRouDeNLserie}$ utilise ces deux signaux.

Enfin, le tableau 2.9 présente les résultats de l'estimation des paramètres D_1, D_2, I_{ZZ}, Aro et Kro pour le critère $C_{LaRouDeNLcouple}$. Nous rappelons que ce critère se base sur l'angle de dérive et la vitesse de roulis. La comparaison entre les sorties du modèle et les mesures des capteurs est présentée en annexe de ce mémoire (figures B.5 et B.6).

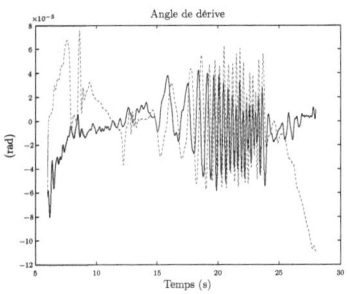

Fig. 2.30
Comparaison
de la sortie
angle de
dérive avec la
mesure réelle
d'un essai
sinus wobulé
pour le critère
$C_{LaRouDeNLserie}$
et le modèle
LaRouDéNL

Comme pour la figure 2.29, les résultats de l'estimation sont également mauvais pour l'angle de dérive.

Symbole	Unité	Valeur estimée
D_1	N/rad	197 791
D_2	N/rad	138 964
I_{ZZ}	kg·m²	179
Aro	Nm/rad/s	37 116
Kro	N/rad	103 273
Erreurs RMS		
Ang. de dérive	rad	$3,3 \times 10^{-5}$
Vit. de roulis	rad/s	$4,8 \times 10^{-4}$

Tab. 2.9
Résultat de
l'estimation
des
paramètres du
modèle
LaRouDéNL
avec le critère
$C_{LaRouDeNLcouple}$

2.5.3.2 Signaux de type trajectoire circulaire

Nous allons nous intéresser à l'identification des modèles LaDéNL et LaRouDéNL avec des fichiers de mesures correspondant à une manœuvre au volant de type trajectoire circulaire.

a. Structure LaDéNL

Le tableau 2.10 présente les résultats de l'estimation des paramètres D_1, D_2 et I_{ZZ} pour le critère $C_{LaDeNLserie}$. Les figures 2.31 et 2.32 représentent la comparaison entre les sorties du modèle et les mesures des capteurs.

Symbole	Unité	Valeur estimée
D_1	N/rad	195 479
D_2	N/rad	199 569
I_{ZZ}	kg·m²	2 110
Erreurs RMS		
Vit. de lacet	rad/s	$2,5 \times 10^{-4}$
Acc. transv.	m·s²	$9,5 \times 10^{-3}$

Tab. 2.10 Résultat de l'estimation des paramètres du modèle LaDéNL avec le critère $C_{LaDeNLserie}$

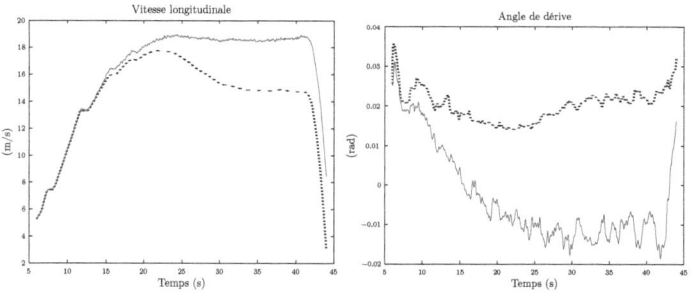

Fig. 2.31 Comparaison des sorties vitesse et dérive avec les mesures réelles d'un essai circulaire pour le critère $C_{LaDeNLserie}$ et le modèle LaDéNL

Les mesures de la vitesse longitudinale et de l'angle de dérive (en trait plein) n'étant pas utilisé par le critère, nous obtenons un écart important entre les sorties du modèle et les mesures.

Le tableau 2.11 présente les résultats de l'estimation des paramètres D_1, D_2 et I_{ZZ} pour le critère $C_{LaDeNLderive}$. La comparaison entre les sorties du modèle et les mesures des capteurs est présentée en annexe de ce mémoire (figures B.7 et B.8).

Enfin, le tableau 2.12 présente les résultats de l'estimation des paramètres D_1, D_2 et I_{ZZ} pour le critère $C_{LaDeNLcouple}$. La comparaison entre les sorties du modèle et les mesures des capteurs est présentée en annexe de ce mémoire (figures B.9 et B.10).

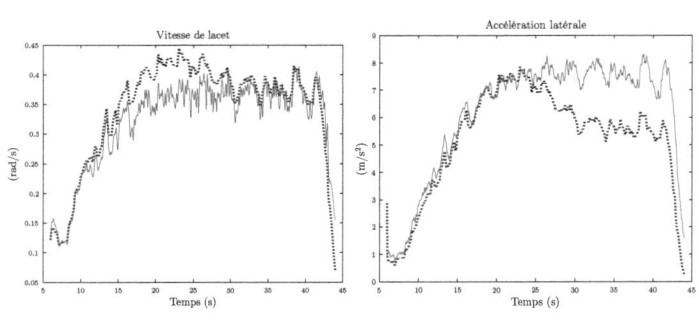

Fig. 2.32 Comparaison des sorties vitesse de lacet et accélération transversale avec les mesures réelles d'un essai circulaire pour le critère $C_{LaDéNLserie}$ et le modèle LaDéNL

Pour la vitesse de lacet et l'accélération transversale, l'écart entre la mesure (trait plein) et les sorties est considérablement réduit par rapport aux résultats de la figure 2.31.

Symbole	Unité	Valeur estimée
D_1	N/rad	30 259
D_2	N/rad	71 665
I_{ZZ}	kg·m²	684
Erreur RMS		
Ang. de dérive	rad	$5{,}1 \times 10^{-5}$

Tab. 2.11 Résultat de l'estimation des paramètres du modèle LaDéNL avec le critère $C_{LaDéNLderive}$

Symbole	Unité	Valeur estimée
D_1	N/rad	122 303
D_2	N/rad	127 028
I_{ZZ}	kg·m²	1 733
Erreurs RMS		
Ang. de dérive	rad	$1{,}4 \times 10^{-4}$
Vit. de lacet	rad/s	$1{,}9 \times 10^{-4}$

Tab. 2.12 Résultat de l'estimation des paramètres du modèle LaDéNL avec le critère $C_{LaDéNLcouple}$

b. Structure LaRouDéNL

Nous n'allons pas présenter les résultats de l'estimation du modèle LaRouDéNL lorsque nous utilisons un signal de type trajectoire circulaire, pour deux raisons essentielles. Tout d'abord, nous avons précisé dans le paragraphe 2.4, que la dynamique de roulis intervenait à des fréquences plus élevées que la dynamique de dérive et de lacet. Or le type d'entrée utilisé ne permet pas d'exciter le véhicule dans la gamme de fréquence de la dynamique de roulis. La deuxième raison découle des résultats présentés dans l'estimation des paramètres du modèle LaRouDéNL avec un signal de type sinus wobulé pour excitation. Comme nous n'avons pas de bons résultats lorsque le pouvoir excitant des tests réels sont en accord avec les hypothèses de modélisation, nous ne voulons pas inutilement alourdir la lecture par la présentation de résultats inexploitables.

2.5.3.3 Synthèse des résultats

a. La structure LaDéNL

En règle générale, les résultats présentés dans les paragraphes 2.5.3.1 et 2.5.3.2 concernant la structure LaDéNL sont en accord avec l'analyse de sensibilité réalisée au paragraphe 2.3.4.3.

Lorsque nous utilisons un signal d'excitation riche, tel qu'un sinus modulé en fréquence, dans une bande suffisamment large, nous sommes en mesure d'obtenir des valeurs pour les paramètres du modèle relativement proches les unes des autres quel que soit le critère de coût utilisé.

Pour un signal d'excitation moins riche en fréquence, les valeurs des paramètres D_1, D_2 et I_{ZZ} sont très différentes en fonction du critère utilisé :

– Lorsque nous utilisons le critère $C_{LaDeNLserie}$ se basant sur l'accélération transversale et la vitesse de lacet, l'écart entre l'estimation du signal de dérive et la mesure réelle est trop important pour considérer que les valeurs des paramètres soient les bonnes. Ceci est en accord avec l'analyse de sensibilité théorique de la structure LaDéNL, qui préconise l'utilisation de la mesure de l'angle de dérive dans le critère de coût pour obtenir une estimation correcte des paramètres D_1 et D_2.
– En revanche, les paramètres obtenus pour une estimation utilisant le critère $C_{LaDeNLderive}$ et l'excitation de type trajectoire circulaire (présenté dans le tableau 2.11) sont très différents de ceux obtenus lors de l'utilisation du signal d'excitation sinus modulé en fréquence avec le même critère.

Nous avons remarqué que si nous fournissons la mesure de la vitesse longitudinale comme entrée à la structure LaDéNL, les résultats sont améliorés (tableau 2.13 et figure 2.33). En effet, l'expression de l'angle de dérive dans les équations du modèle LaDéNL est directement liée à l'expression de la vitesse. Ainsi, si nous n'utilisons que la mesure de la dérive dans le critère de coût et que nous commettons une erreur sur l'estimation de la vitesse, nous n'arrivons pas à obtenir un modèle fournissant à la fois une bonne estimation de la vitesse et de l'angle de dérive.

Symbole	Unité	Valeur estimée
D_1	N/rad	106 410
D_2	N/rad	96 627
I_{ZZ}	kg·m^2	1 331
Erreurs RMS		
Ang. de dérive	rad	$1{,}5 \times 10^{-5}$

Tab. 2.13
Résultat de l'estimation des paramètres du modèle LaDéNL avec le critère $C_{LaDeNLderive}$ en utilisant la vitesse longitudinale

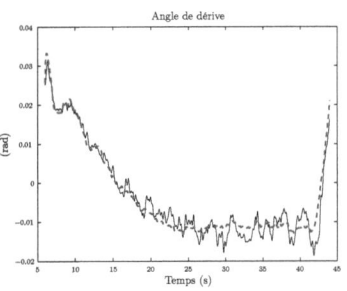

Fig. 2.33
Comparaison de la sortie dérive avec la mesure réelle d'un essai circulaire pour le critère $C_{LaDeNLderive}$ et le modèle LaDéNL avec l'apport de l'information de vitesse en entrée.

L'estimation des paramètres est nettement améliorée lorsque nous incluons dans le modèle l'information de vitesse.

b. La structure LaRouDéNL

Comparés aux résultats d'estimation obtenus pour la structure LaDéNL, ceux de la structure LaRouDéNL sont beaucoup plus mauvais, même dans le cas d'une excitation riche en fréquence du véhicule. La structure LaRouDéNL impose la connaissance d'un nombre plus important de paramètres qui ne peuvent être estimés avec les paramètres D_1, D_2, I_{ZZ}, Aro et Kro en raison de problèmes d'identifiabilité de la structure. La mauvaise qualité des résultats d'estimation peut être expliquée par la méconnaissance des valeurs des paramètres supplémentaires I_{XX}, I_{XZ}, h_0, h_1 et h_2 (de l'ordre de 20% d'incertitudes sur les valeurs constructeurs). De plus, le nombre de paramètres à estimer passe de trois à cinq et l'expérience montre que plus le nombre de paramètres à estimer augmente, plus l'identification devient délicate.

Bien entendu, ces dernières remarques ne veulent surtout pas indiquer que la structure LaRouDéNL n'est pas utilisable pour l'identification de la dynamique transversale du véhicule automobile. Il est juste nécessaire de veiller à ce que les paramètres considérés comme constants aient le moins d'incertitude possible et que les essais réels utilisés se focalisent sur la mise en valeur de la dynamique de roulis. Par exemple, dans l'utilisation d'essais de type test de l'élan pour des vitesses au delà de 80 km/h, la consigne d'angle au volant est telle que l'angle de roulis ainsi que la vitesse de roulis sont plus importants.

2.5.4 Évaluation de la possibilité d'identification en ligne

Jusqu'alors, nous avons utilisé des fichiers de mesures comportant soit plusieurs tours sur un cercle pour l'excitation de type trajectoire circulaire, soit une vingtaine de manœuvres gauche-droite pour l'excitation de type sinus modulé en fréquence. Si nous nous plaçons dans le contexte d'une identification en ligne, à savoir l'évaluation de la possibilité de mise à jour des valeurs des paramètres des différentes structures, nous devons nous pencher sur la question de la taille des fichiers de mesures et sur la richesse des acquisitions sur une trajectoire ordinaire (dans le cas d'un véhicule série).

Comme nous l'avons vu lors de l'étude de sensibilité des structures de modèles et lors de la définition du protocole d'essai, la richesse fréquentielle et la persistance de l'excitation sont des paramètres essentiels pour garantir un contexte d'identification favorable. Si nous nous intéressons à la conduite quotidienne d'un conducteur non expérimenté, nous devons trouver les situations de conduite pour lesquelles l'excitation de la dynamique transversale est suffisante pour estimer les paramètres d'une structure de modèle embarquée. Ainsi, nous avons considéré que la prise de virage à vitesse suffisamment élevée (supérieure à 70 km/h, pour garantir une accélération latérale non négligeable) et la manœuvre d'évitement d'un obstacle pouvaient exciter la dynamique transversale du véhicule. Mais ces phases de conduite ont une durée temporelle très réduite.

Nous avons donc cherché à nous placer dans ce contexte particulier en utilisant de courtes séquences temporelles d'essais de type trajectoire circulaire et de type sinus modulé en fréquence. La prise de virage correspond ainsi à une portion du premier type d'essai et l'évitement d'obstacle approximativement à une portion du second type d'essai.

Les résultats des tableaux 2.14 et 2.15 et des figures 2.34 et 2.35 confirment le fait que pour obtenir une bonne estimation des paramètres du modèle, il faut tout d'abord garantir un pouvoir excitant suffisamment important et persistant (ce dont nous disposons pour l'essai de type sinus wobulé), mais également une longueur de fichier plus importante. Pour un essai de type trajectoire circulaire, nous avons besoin d'un essai d'une durée supérieure à 25 s et pour un essai de type sinus wobulé une durée supérieure à 20 s, comprenant donc plusieurs allers et retours. Donc l'identification en ligne semble compromise dans le contexte du véhicule série.

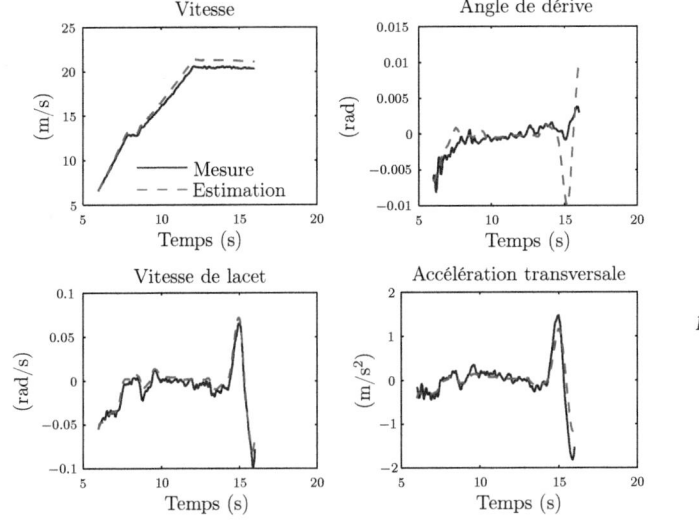

Fig. 2.34
Résultats de l'estimation des paramètres pour un fichier de mesures court

Cette figure représente la comparaison des mesures et des estimations du modèle avec les paramètres du tableau 2.14.

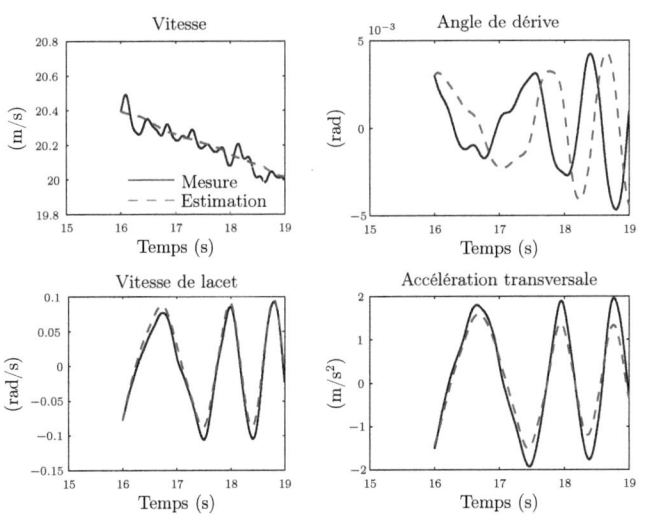

Fig. 2.35
Résultats de l'estimation des paramètres pour un autre fichier de mesures court

Cette figure représente la comparaison des mesures et des estimations du modèle avec les paramètres du tableau 2.15.

Symbole	Unité	Valeur estimée
D_1	N/rad	49 921
D_2	N/rad	51 171
I_{ZZ}	kg·m^2	1 269
Erreurs RMS		
Vit. de lacet	rad/s	$9{,}2 \times 10^{-5}$
Acc. transv.	m·s^2	3×10^{-3}

Tab. 2.14 *Résultat de l'estimation des paramètres du modèle LaDéNL avec le critère $C_{LaDeNLserie}$ correspondant à la figure 2.34*

Symbole	Unité	Valeur estimée
D_1	N/rad	110 902
D_2	N/rad	136 894
I_{ZZ}	kg·m^2	2 439
Erreurs RMS		
Vit. de lacet	rad/s	$2{,}7 \times 10^{-4}$
Acc. transv.	m·s^2	$8{,}5 \times 10^{-3}$

Tab. 2.15 *Résultat de l'estimation des paramètres du modèle LaDéNL avec le critère $C_{LaDeNLserie}$ correspondant à la figure 2.35*

2.6 Conclusion

Ce chapitre a permis d'appliquer les outils présentés dans le chapitre précédent, à l'identification de la dynamique transversale du véhicule. Suite à une présentation succincte du véhicule et de ses principales dynamiques, nous avons réalisé une modélisation de sa dynamique transversale. Quatre structures ont été établies et deux d'entres elles ont été utilisées pour l'estimation de leurs paramètres. Nous avons émis des hypothèses pour la formulation des structures qui engendrent des erreurs de modélisation mises en valeur lors de l'estimation de leurs paramètres.

La structure LaRouDéNL a été écartée en raison des imprécisions sur les valeurs de certains de ces paramètres considérés comme constants. L'estimation des paramètres a alors été mise en valeur sur la structure LaDéNL. Suite à une analyse de sensibilité temporelle des structures de modèle, nous avons mis en évidence que la qualité de l'estimation dépendait fortement du signal d'excitation utilisé. Nous l'avons ainsi confirmé par les différents résultats de l'identification des paramètres en fonction du type d'excitation utilisé.

Ce chapitre a pu également mettre en exergue la dépendance des résultats d'estimation au choix des capteurs utilisés. En effet, selon le type d'excitation utilisé, l'utilisation des capteurs présents dans un système ESP ne permettait pas toujours une identification correcte de la dynamique transversale, à savoir une manœuvre de type cercle en ne disposant que des signaux accélération transversale et vitesse de lacet.

> La connaissance s'acquiert par l'expérience, tout le reste n'est que de l'information.
>
> *A. Einstein*

3

Application des observateurs à la détermination de la dérive d'un véhicule

Sommaire

- 3.1 Introduction 101
- 3.2 Présentation des capteurs industriels de mesure de dérive 101
  - 3.2.1 Principes de mesures de dérive 101
  - 3.2.2 Dispositifs de mesures de dérive commercialisés 103
- 3.3 Caractérisation des capteurs industriels 105
  - 3.3.1 Contexte 105
  - 3.3.2 Banc d'essai 105
  - 3.3.3 Protocole et résultats 106
  - 3.3.4 Conclusion 110
- 3.4 Présentation des estimateurs de dérive (état de l'art) 111
- 3.5 Observateur de dérive pour une implémentation série 116
  - 3.5.1 Contraintes et limitations 116
  - 3.5.2 Présentation des observateurs utilisés 117
  - 3.5.3 Estimation de l'angle de dérive par observation 120
- 3.6 Détection de défauts de capteurs par observations de la dérive ... 131
  - 3.6.1 Introduction 131
  - 3.6.2 Structure de diagnostic à base de modèles : approche par observation .. 132
  - 3.6.3 Structure de détection de défaut choisie 134
  - 3.6.4 Détection d'un défaut de type rupture 137
  - 3.6.5 Détection d'un défaut de type évolutif 138
- 3.7 Conclusion 141

3.1 INTRODUCTION

La littérature présente une multitude de travaux dont l'axe de recherche est orienté vers la mesure ou l'estimation de l'angle de dérive. Nous pouvons distinguer trois approches différentes. La première approche est basée sur une mesure optique du défilement de la route sous le véhicule. La seconde approche utilise les informations d'un système de localisation de type GPS fusionnées aux informations d'une centrale inertielle par un modèle de comportement du véhicule. Ces deux premières approches sont commercialisées. La troisième approche est présentée dans de nombreux travaux et consiste en l'estimation de l'angle de dérive à partir d'observateurs basés sur une modélisation du véhicule.

Le but de ce chapitre est d'étudier ces différentes approches pour évaluer leurs pertinences selon le contexte d'application. Pour ce faire, nous commençons par une **caractérisation** des capteurs commercialisés ainsi qu'un **état de l'art des méthodes utilisant les observateurs** pour l'estimation de l'angle de dérive. Aucun capteur n'utilise des observateurs seuls, alors qu'ils sont souvent présentés comme un outil efficace et moins onéreux que les capteurs commercialisés ; c'est pourquoi nous avons cherché à évaluer la qualité de cette dernière approche basée sur un modèle de la dynamique transversale obtenu à l'aide des outils du chapitre 2.

Ainsi, nous cherchons à **quantifier les conséquences des difficultés rencontrées lors de l'obtention d'une structure de modèle quantifiée sur l'estimation de l'angle de dérive**. Plus précisément, en respectant rigoureusement les contraintes liées au domaine d'application, à savoir le véhicule de série ou bien le véhicule de laboratoire, nous évaluons les possibilités offertes par l'utilisation des observateurs pour l'obtention de l'angle de dérive.

Bien que nos résultats montrent que les observateurs seuls ne tiennent pas toutes les promesses comme semble le faire croire la littérature, nous proposons une utilisation différente des observateurs afin de réaliser une **détection de défauts de capteur** et d'évaluer la possibilité **d'amélioration dans le domaine de l'aide à la conduite**.

3.2 PRÉSENTATION DES CAPTEURS INDUSTRIELS DE MESURE DE DÉRIVE

3.2.1 Principes de mesures de dérive

À l'heure actuelle, il existe principalement deux technologies commerciales exploitant les mesures des vitesses latérale et longitudinale d'un véhicule pour en déduire son angle de dérive. La première solution est optique tandis que la seconde se base sur les informations de localisation d'un système GPS (Global Positioning System). Nous allons par la suite décrire le principe de mesure de chaque solution.

3.2.1.1 Mesure optique

Le principe de la mesure optique, présenté sur la figure 3.1, utilise une source lumineuse de forte intensité pour illuminer la surface de la route. La structure de la surface de mesure est alors observée à travers une lentille convergente. Le signal optique résultant de cette observation est projeté sur une grille prismatique. Cette grille permet d'envoyer à travers une deuxième lentille, le signal sur l'un des deux capteurs CCD (Charge-Coupled Device, ou détecteurs à couplage de charge) placés en aval, selon la direction du signal optique. Chaque capteur CCD reçoit un signal périodique dont la fréquence est dépendante de la résolution de la grille prismatique et de la vitesse du défilement de la route sur la surface de mesure. Pour chaque capteur, la fréquence spatiale du signal optique est obtenue grâce à la transformée de Fourier réalisée par les lentilles. Un système électronique de traitement du signal utilise des filtres pour obtenir la fréquence fondamentale en fonction des fréquences spatiales de chaque capteur. Cette fréquence permet d'obtenir le déplacement de la scène par rapport au capteur et ainsi une vitesse de déplacement. En utilisant un réseau prismatique spécifique, ce traitement peut être effectué dans les deux directions de la surface d'étude.

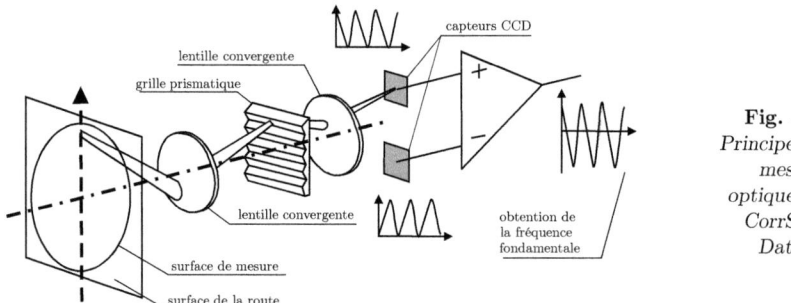

Fig. 3.1 Principe de mesure optique de CorrSys-Datron

3.2.1.2 Mesure GPS

Le système GPS est un système de localisation utilisant une constellation de 24 satellites américains. À l'origine utilisé par l'armée américaine, ce système est disponible aux utilisations civiles depuis 1980. Ces différents satellites, situés à une altitude d'environ 20 000 km, émettent sur des signaux radio contenant des informations qui sont interprétées par des récepteurs GPS à la surface du globe terrestre. À partir du laps de temps entre la réception du message et son émission (le temps de l'horloge du satellite est codé dans chaque message envoyé par le satellite), le récepteur évalue sa distance par rapport au satellite émetteur. Pour obtenir sa position absolue, avec une précision d'une dizaine de mètres, le récepteur nécessite les signaux d'au moins trois satellites différents.

Les informations des satellites peuvent également être utilisées pour déterminer la vitesse de déplacement du récepteur, en analysant l'effet Doppler sur l'onde porteuse du signal radio. Le satellite émet une onde porteuse à une fréquence L1 (1575,42 MHz). Cependant la fréquence du signal reçu par le récepteur est modifiée en raison de la vitesse relative entre le satellite et le récepteur (effet Doppler). Une vitesse précise du récepteur est alors déterminée en mesurant la différence de fréquence (précision de $3cm/s$ en longitudinal et en transversal et $6cm/s$ en vertical).

3.2.1.3 Mesure GPS/INS

La mesure GPS de la dérive est rarement utilisée seule. En effet, même si la mesure GPS est robuste, elle n'est disponible qu'au maximum toutes les 100 ms. Afin de délivrer un signal à une cadence plus élevée, une mesure inertielle est couramment ajoutée par l'intermédiaire de filtres de Kalman. Le filtre réalise une interpolation intelligente en se basant sur le comportement dynamique du véhicule entre deux mesures GPS. Le filtre utilise les informations GPS pour corriger les dérives et les erreurs d'intégration des mesures des accélérations et des vitesses de rotation du véhicule. De cette manière, certains dispositifs fournissent une information de dérive à une fréquence de 100 Hz.

L'utilisation d'une seule antenne permet d'obtenir le cap, mais uniquement pour de faibles sollicitations du véhicule. Certains dispositifs GPS/INS permettent l'ajout d'une deuxième antenne GPS afin d'améliorer la mesure du cap du véhicule.

3.2.2 Dispositifs de mesures de dérive commercialisés

3.2.2.1 La mesure optique du Correvit de CorrSys-Datron

La société CorrSys-Datron propose différents dispositifs de mesure de dérive, (CorrSys-Datron, 2007) se basant sur une mesure optique exposée dans le paragraphe 3.2.1.1. Les capteurs permettant d'obtenir une mesure de dérive sont les capteurs Correvit « 2 axes », tels que le V-1 et le S-400. Ces capteurs permettent de mesurer des vitesses entre 0,5 à 250 km/h. Selon les spécifications de ces capteurs, un angle de dérive entre ±40° est donné avec une précision inférieure à 0,1°. Ces capteurs doivent être installés à 40 cm du sol.

3.2.2.2 La mesure GPS/INS du RT3002 d'Oxford Technical Solutions

La famille RT3000 proposée par Oxford Technical Solutions (Oxford Technical Solutions, 2007) intègre une centrale inertielle à un récepteur GPS. Cette famille se décline essentiellement par la précision de la localisation GPS offerte (entre 2 cm et 1 m). Parmi ces modèles, le plus intéressant pour nos applications est le RT3002. Il peut être utilisé en simple ou double antennes GPS, avec ou non une base GPS de référence (utilisée pour corriger la position du récepteur mobile et augmenter la précision de la localisation). Selon les spécifications constructeur, le

RT3002 propose une mesure de vitesse avec une précision de 0,05 km/h, un angle de dérive avec une précision de 0,15°. La fréquence des données est de 100 Hz. Pour son installation, l'antenne GPS doit être placée 1 m au dessus du boîtier du capteur. Le capteur propose enfin la possibilité de recalculer les mesures en un point quelconque du repère du capteur et permet donc le déplacement du point de mesure. Ainsi, le placement du capteur n'est pas contraint.

3.2.2.3 La mesure GPS/INS proposé par Racelogic

Racelogic propose un capteur similaire au RT3002, la Vbox III, basé sur une mesure de vitesse par GPS. Une centrale inertielle peut être ajoutée afin d'obtenir l'angle de dérive à une fréquence de 100 Hz. Il est également possible d'ajouter une station GPS de référence pour améliorer la précision de la localisation du récepteur mobile jusqu'à 2 cm.

Racelogic propose un autre produit dédié à la mesure de dérive, le VBS20SL qui utilise deux antennes GPS pour améliorer la précision du cap et des mesures d'angles de dérive et de lacet. Par contre, les données ne sont délivrées qu'à une cadence de 20 Hz.

Enfin, dans le cadre de compétitions de sport automobile, Racelogic a développé la DriftBox qui permet d'aider les juges à noter les compétiteurs lors des sessions de Drift. Le principe de ces sessions est que chaque compétiteur génère avec son véhicule un angle de dérive le plus important, à vitesse élevée tout en conservant des accélérations transversales importantes. La DriftBox est embarquée dans chaque véhicule et fournit l'angle de dérive avec une résolution de 0,1°, une vitesse précise à 0,1 km/h et une accélération à une précision de 0,01 g. Pour cela, deux systèmes GPS sont utilisés, et les antennes sont placées dans l'axe longitudinal du véhicule. Les juges reçoivent les informations de la DriftBox de chaque véhicule par télémétrie à une fréquence de 10 Hz.

Modèles	Synthèse des données constructeurs				Fréquence d'échantillonnage	Prix maximum
	Précision					
	vitesse	position	dérive	cap		
S-400	–	–	< 0,1°	–	>100 Hz	≈ 15k€
RT3002	0,05 km/h	2 cm à 1,5 m	0,15°	0,1°	100 Hz	≈ 80k€
VBOX III	0,1 km/h	2 cm à 3 m	0,1°	0,1°	100 Hz	≈ 20k€
VBS20SL	0,1 km/h	1,8 m à 3 m	0,1°	0,1°	20 Hz	≈ 15k€
DriftBox	0.1 km/h	–	1°	–	10 Hz	≈ 800€

Tab. 3.1 *Comparaison des performances des différents capteurs industriels*

3.2.2.4 Résumé des performances des capteurs de dérives

Pour conclure la présentation des principaux systèmes de mesure de dérive commercialisés, le tableau 3.1 présente une comparaison en termes de précision de mesure, de fréquence d'échantillonnage et de prix.

3.3 Caractérisation des capteurs industriels

3.3.1 Contexte

Dans la perspective d'utiliser un capteur de référence pour la validation de la reconstruction de l'angle de dérive par observation et selon notre expérience d'utilisation de certains de ces capteurs, nous avons cherché à vérifier quelques données constructeurs du tableau 3.1 en caractérisant le comportement de deux capteurs disponibles dans le commerce : le Correvit S400 et le RT3002. Cette caractérisation a pour but la mise en valeur des propriétés de mesures des deux capteurs à savoir, leur précision, leur temps de réponse, leur bande passante.

Il est alors nécessaire de maîtriser le protocole d'essai. En effet, pour connaître la précision de mesure de la dérive de chacun des capteurs, il est indispensable de générer un angle de dérive connu et précis. De même, le test doit être répétable. Sous ses contraintes, il est difficile d'embarquer les capteurs dans le véhicule et de demander à un pilote expérimenté de générer avec le véhicule, un angle de dérive d'une valeur donnée dans un laps de temps défini et que cet essai soit répétable. Nous avons alors opté pour l'utilisation d'un servomoteur commandé en position, afin de réaliser un angle de dérive maîtrisé (Lamy et al., 2007 ; Caroux et al., 2006b).

3.3.2 Banc d'essai

En raison du principe de fonctionnement du capteur RT3002 (cf. paragraphe 3.2.1.3), il est nécessaire de réaliser la caractérisation à ciel ouvert afin d'obtenir les informations GPS des satellites. De plus, le capteur doit être en mouvement afin d'obtenir une information de vitesse qui permet d'obtenir l'angle de dérive. Nous avons donc choisi de réaliser un banc d'essai monté à l'arrière du véhicule d'essai et présenté sur la figure 3.2.

Grâce au servomoteur, les deux capteurs tournent d'un même angle de rotation par rapport à la voiture. De cette manière, nous appliquons un angle de dérive identique pour les deux capteurs qui peut être interprété comme un angle de dérive du véhicule. Ce banc d'essai permet de générer des angles de rotation sur une plage de ±30° avec une précision inférieure à 0,1°. Le servomoteur est également commandé en vitesse de rotation avec pour valeur maximale 4000 tr/min. Lors de la manœuvre, il est indispensable de suivre avec le véhicule une trajectoire rectiligne afin de ne pas générer de dérive supplémentaire.

En ce qui concerne le résultat des différents essais présentés par la suite, les signaux acquis ont été filtrés avec un filtre passe-bas d'ordre 4 de type Butterworth. Pour choisir la fréquence de coupure, nous avons décidé que la valeur maximale d'angle de dérive à mesurer était de 10° avec une vitesse de transition maximale de 100°/s. Nous avons ensuite appliqué le théorème du produit temps-bande passante défini par :

$$B \times T_m = const, \tag{3.1}$$

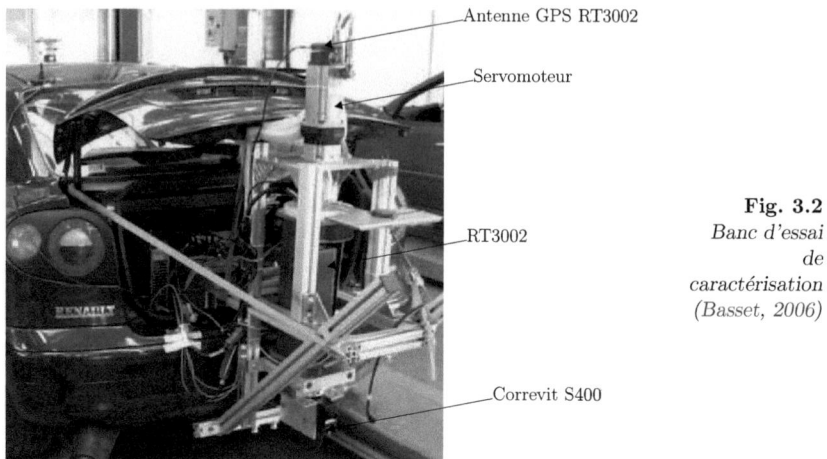

Fig. 3.2
Banc d'essai
de
caractérisation
(Basset, 2006)

Le banc d'essai est fixé au châssis du véhicule. Le servomoteur est positionné verticalement ; les deux capteurs sont installés sur son axe. L'antenne GPS du RT3002 est positionnée au dessus servomoteur et non sur l'axe de rotation afin de déterminer la direction du véhicule.

où B correspond à la bande passante à 3 dB et T_m, le temps de montée de la rampe maximale entre 10 et 90%. En utilisant ce théorème pour des systèmes causaux, la valeur de la constante dépend du système. Mais les réponses des capteurs aux excitations de type rampe peuvent être approximées par des réponses à des systèmes linéaires à pôles réels. Ainsi, il est possible de définir la constante du théorème par une valeur comprise entre 0,34 et 0,4, avec une bonne précision (Sprösser, 2006). Nous obtenons une fréquence de coupure de 10 Hz.

3.3.3 Protocole et résultats

Pour mettre en valeur les propriétés de mesure des capteurs, nous avons réalisé deux types d'essais :

- signaux de type échelon ;
- signaux de type sinusoïdal.

Avant de présenter les résultats de ces deux types d'excitation, nous nous sommes intéressés à l'étude de l'influence de la vitesse du véhicule sur la mesure de la dérive. Pour cela, nous ne générons aucun angle de rotation du servomoteur et le véhicule circule sur une ligne droite à vitesse constante. La figure 3.3 présente les mesures des deux capteurs pour un test à 60 km/h.

Les variations du S400 diminuent lorsque la vitesse du véhicule augmente, mais restent supérieures à celles du RT3002.

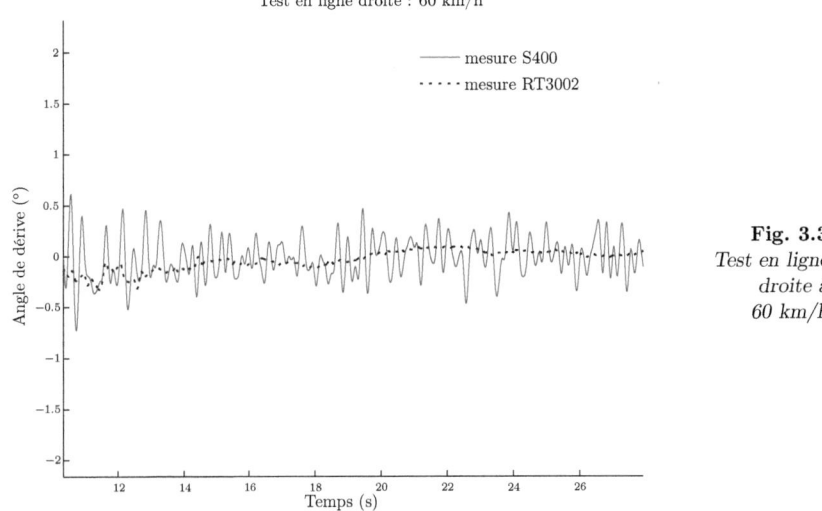

Fig. 3.3
Test en ligne
droite à
60 km/h

Les deux capteurs fournissent un signal variant autour d'une valeur moyenne nulle. Les variations du S400 sont plus importantes en amplitude et en fréquence que celles du RT3002.

3.3.3.1 Excitation de type échelon

Les capteurs ont été testés avec des excitations de type échelon à trois amplitudes différentes (0,5°, 1° et 5°) et avec trois vitesses de déplacement du véhicule (60, 80 et 100 km/h). Lors de l'essai, la vitesse du véhicule est maintenue constante.

Pour des raisons pratiques, la partie transitoire du signal échelon est réalisée par une rampe, mais son temps de montée de 150°/s est suffisant pour considérer le signal d'excitation comme un signal de type échelon. En effet, nous estimons qu'un pilote d'essai professionnel est capable de générer et de maîtriser une variation d'angle de dérive jusqu'à 100°/s durant des tests réels spécifiques.

Comme nous pouvons le voir sur les figures 3.4 et 3.5, la commande en angle du servomoteur présente des dépassements dus à des limitations logicielles dans le paramétrage du contrôleur PI du servomoteur.

a. Étude du régime transitoire

Pour l'évaluation du comportement transitoire de chacun des capteurs, nous avons réalisé plusieurs échelons avec des rampes de pentes différentes jusqu'à 150°/s. Après un temps de latence considéré comme constant pour une rampe donnée et fourni pour exemple dans le tableau 3.2, les mesures des capteurs suivent bien la mesure de référence du servomoteur. Pour toutes les rampes, les temps de latence mesurés sont compris entre 10 et 20 ms pour le RT3002 et entre

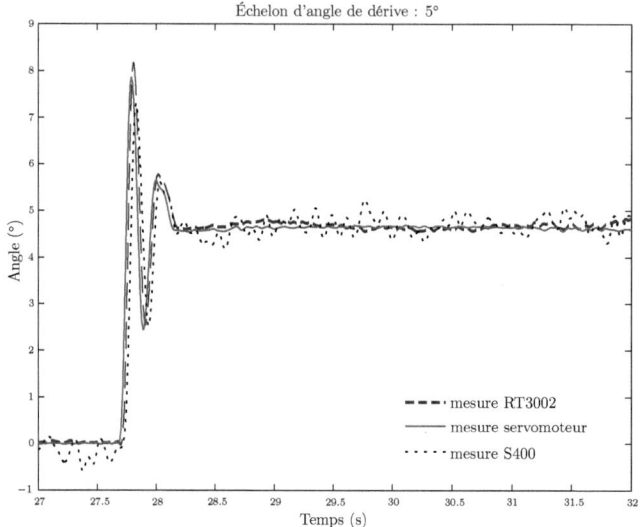

Fig. 3.4
Échelon d'angle de 5°

40 et 60 ms pour le S400. Pour le S400, son temps de latence dépend également du choix de la longueur de la fenêtre glissante de son filtre interne.

Temps de latence (s)	
S400	0,06
RT3002	0,01

Tab. 3.2
Estimation du temps de latence des capteurs pour l'essai présenté sur la figure 3.5

En mettant de côté l'influence du temps de latence, même si le comportement des capteurs est globalement bon dans le régime transitoire, la mesure instantanée n'est pas satisfaisante par rapport à la précision attendue selon les constructeurs (tableau 3.1). Par exemple, pour l'essai de la figure 3.5, la différence absolue maximale pour les dépassements est de 0,6° (8%) pour le S400 et de 0,3° (4%) pour le RT3002. Pour toutes les rampes testées, le S400 souffre d'une erreur supérieure à 0,1° dans les dépassements, tandis que le RT3002 peut satisfaire la précision de 0,1° si la rampe n'excède pas les 8°/s (figure 3.6).

b. Étude du régime établi

Dans le régime établi, les mesures du RT3002 entrent dans la précision requise de 0,1°. Pour le S400, la valeur moyenne de sa mesure est également inférieure à 0,1°, contrairement à la mesure

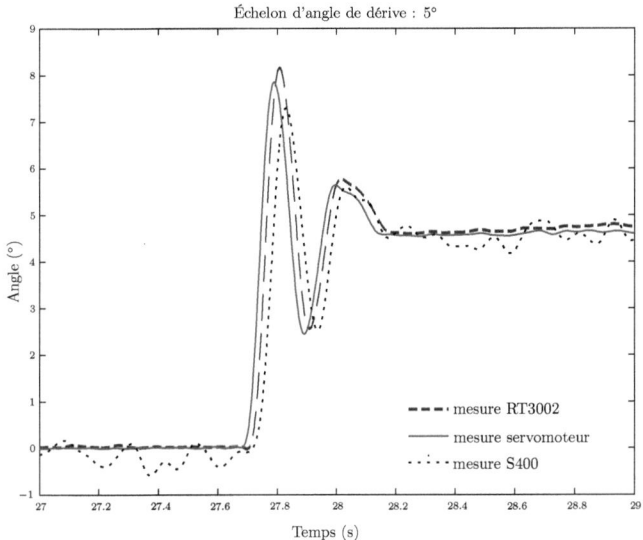

Fig. 3.5
Régime
transitoire de
la réponse à
un échelon
d'angle de 5°

instantanée en raison des importantes fluctuations autour de cette valeur moyenne. La fréquence de ces fluctuations étant comprise dans la gamme des fréquences de la dynamique du véhicule, nous ne pouvons pas utiliser un filtre de type passe-bas pour corriger ce problème.

3.3.3.2 Excitation de type périodique

Nous avons testé la réponse des capteurs à des sollicitations périodiques d'amplitude faible à différentes fréquences avec un déplacement du véhicule à vitesse constante (figure 3.6). Pour évaluer la bande passante des capteurs, nous avons testé différentes fréquences pour obtenir une première approximation de la largeur de la bande passante. Jusqu'à une fréquence d'oscillation de 5 Hz, les mesures des capteurs sont en accord avec la mesure d'angle du servomoteur.

Pour améliorer notre estimation, nous allons nous placer dans le domaine temporel. En effet, l'utilisation du servomoteur et de son logiciel de contrôle pour une analyse fréquentielle à partir de signaux d'excitation sinusoïdaux est difficile. Cependant, il est plus aisé de réaliser des commandes de type rampe. De plus, la détermination de la bande passante peut être effectuée dans les deux domaines puisque la transformée de Fourier nous permet de passer de l'un à l'autre.

Il faut donc vérifier que la bande passante de chaque capteur permet d'acquérir efficacement le comportement d'un véhicule. La conduite normale d'un véhicule est caractérisée par une bande passante allant jusque 5 Hz. Pour cela, nous allons utiliser le théorème défini par l'équation (3.1) et rappelé ici :

$$B \times T_m = const.$$

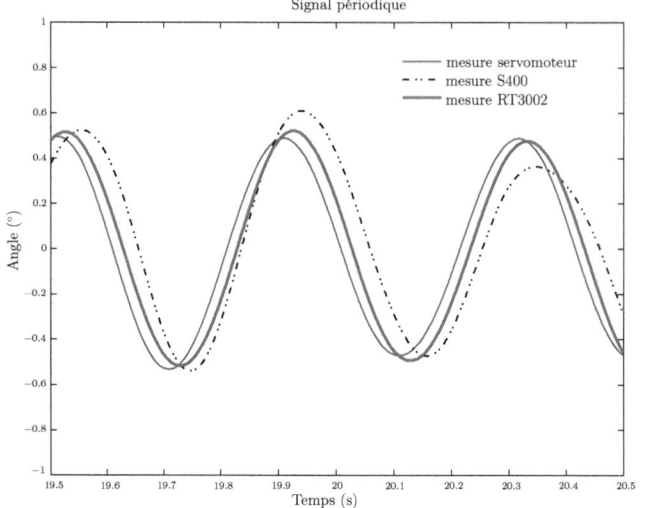

Fig. 3.6
Excitation de type périodique

Le signal d'excitation est un signal périodique dont les variations d'angle atteignent les 5°/s.

En prenant l'excitation imposant la rampe la plus importante, et la réponse des capteurs à cette dernière, la bande passante des capteurs estimée par l'équation (3.1) est plus grande que celle de la dynamique véhicule à savoir 5 Hz.

3.3.4 Conclusion

Nous venons de voir par différents essais les caractéristiques estimées de deux capteurs de mesure de dérive basés sur deux principes de mesure différents. Dans son ensemble, le S400 propose un signal de dérive trop fluctuant pour en utiliser sa valeur instantanée. Cependant, en moyenne, la mesure de ce capteur n'est pas plus éloignée de l'angle de référence du servomoteur que l'est celle du RT3002. Sa bande passante estimée permet de mesurer l'ensemble des dynamiques du véhicule.

La phase de caractérisation souligne les qualités de mesure de dérive du RT3002. Sous certaines conditions d'utilisation, le RT3002 permet d'obtenir un signal avec une précision atteignant 0,1°. En effet, la prise en compte du temps de latence et d'une variation maximale de la dérive inférieure à 8°/s entraîne un comportement correct du RT3002 aussi bien dans les phases transitoires ou établies de la mesure de dérive. Comme pour le S400, le RT3002 propose une bande passante suffisante.

Il ne faut tout de même pas omettre de préciser que le RT3002 est cinq fois plus cher que le S400 mais qu'il propose également la mesure de signaux additionnels comme les accélérations, les vitesses de rotation et toutes les informations de localisation.

3.4 Présentation des estimateurs de dérive (état de l'art)

Les composants de systèmes de contrôle de véhicule moderne, tels que le contrôle de stabilité ou encore le contrôle latéral, nécessitent la connaissance précise de l'angle de dérive et de la vitesse de lacet (Daily et Bevly, 2004 ; Nishio et al., 2001). La principale fonction d'un système de contrôle de stabilité est de limiter les valeurs des dynamiques de lacet et de dérive à des valeurs acceptables pour une conduite plus sûre. La mesure de la vitesse de lacet peut être obtenue directement par l'utilisation d'un gyromètre dont le coût est négligeable par rapport au coût d'un capteur de dérive tels que ceux présentés au paragraphe 3.2.2. C'est dans ce contexte que, depuis une vingtaine d'années, de nombreux travaux s'intéressent à obtenir l'information de dérive sans investir dans un capteur onéreux. Il a été prouvé qu'un système à deux antennes GPS pouvait être utilisé pour obtenir l'angle de dérive, puisqu'il fournit à la fois le vecteur vitesse et le vrai cap du véhicule (Cohen et al., 1994 ; Hayward et al., 1999). Cette approche, bien que moins chère que les capteurs industriels, ne fournit des données qu'à des fréquences de 10 à 20 Hz, donc insuffisante dans le cadre du contrôle. De plus, cette méthode est limitée par les inconvénients de la perte de signaux GPS en raison des problèmes de visibilité (passage sous un pont ou tunnel, circulation urbaine,...).

En raison de la non existence de capteurs faibles coûts pour la mesure de dérive, la solution passe par son estimation. Une première approche consiste à utiliser des capteurs inertiaux et d'intégrer leurs signaux pour obtenir une estimation de la dérive, comme présenté dans Kiencke et Daiß (1997) et Hac et Simpson (2000). L'inconvénient de cette approche est que les capteurs sont sujets à des dérives au cours du temps en raison de biais et de bruit de mesure. De plus, dans l'information mesurée par les capteurs, il est impossible de découpler l'accélération due à l'excitation du véhicule et l'accélération causée par la gravité, par le roulis et par l'évolution du véhicule sur une surface non plane (dévers, pente) (Tseng, 2001).

Une autre approche est de réaliser une estimation de l'angle de dérive à partir d'un modèle véhicule comme présenté dans Farrelly et Wellstead (1996). Le schéma d'estimation de Farrelly et Wellstead utilise un modèle véhicule de type bicyclette et cherche à estimer la vitesse de lacet et l'angle de dérive à partir des mesures de l'angle au volant et de l'accélération transversale. Le principal inconvénient de cette méthode est qu'il est nécessaire que les paramètres du modèle soient connus et fidèles à la réalité, sachant que certains d'entre eux peuvent varier au cours du temps. Dans Liu et Peng (1998), les auteurs proposent un schéma d'identification différent pour l'estimation simultanée des états et des paramètres dans le but de résoudre le problème des paramètres inconnus du véhicule. Cependant, la qualité de cette approche n'est démontrée que dans le cas où les rigidités de dérive sont considérées constantes. Les performances n'ont pas été vérifiées dans des conditions réelles de conduite.

Dans les articles Ungoren et al. (2002) et Ungoren et Peng (2004), les auteurs reprennent les travaux de Farrelly et Wellstead et de Liu et Peng et les comparent à une estimation de la vitesse transversale par fonction de transfert obtenue à partir d'un modèle bicyclette avec un modèle de pneu linéaire. Il est montré que la fonction de transfert est identifiable. Ainsi, l'identification des paramètres de la fonction de transfert permet d'obtenir une valeur pour les paramètres physiques. Les résultats d'estimation de dérive, à partir de simulations avec le simulateur Trucksim, sont mauvais avec l'approche par fonction de transfert. L'approche de Liu et Peng quant à elle, fournit de bons résultats mais possède une période de convergence très longue. Pour le modèle cinématique de Farelly et Wellstead, la dérivation de la vitesse longitudinale pour obtenir l'accélération longitudinale présente ses limitations dans l'estimation de la vitesse transversale. Des essais avec des données réelles permettent d'émettre les mêmes conclusions.

Dans la majorité des travaux sur l'estimation de l'angle de dérive, nous retrouvons l'utilisation des observateurs d'états. La première application des observateurs à la reconstruction de la dérive a été proposée dans Senger et Kortüm (1989). Les auteurs développent un modèle véhicule et intègrent un modèle de pneumatique pour l'estimation de la vitesse latérale. Leur approche suppose que les pneumatiques soient utilisés dans leur région linéaire et que les rigidités de dérive soient connues. Dans Cao et Bertram (1994), les auteurs proposent une estimation d'états et de paramètres pour résoudre le problème des rigidités de dérive inconnues et variantes dans le temps. Cependant, l'efficacité de cette méthode utilisant uniquement les mesures de l'angle au volant, de la vitesse et de l'accélération transversale n'est pas clairement présentée.

Dans Kiencke et Daiß (1997), un observateur linéaire et un observateur non linéaire basés sur un modèle bicyclette sont comparés sur des essais réels. Nous pouvons voir que les deux observateurs fournissent des estimations d'accélération latérale et de vitesse de lacet proches des mesures des capteurs utilisés. En ce qui concerne la dérive, la comparaison de l'estimation des observateurs est réalisée avec la simulation d'un modèle non linéaire. En revanche, aucune information n'est fournie sur l'obtention des valeurs des paramètres du modèle de l'observateur.

Dans Kaminaga et Naito (1998), les auteurs appliquent les techniques d'observateurs adaptatifs de Lyapunov pour l'estimation de la dérive. L'algorithme est conçu pour fournir une robustesse satisfaisante à la variation de la rigidité de dérive dans le cas où le véhicule circule sur une surface plane. Les résultats expérimentaux présentent une erreur d'estimation inférieure à 3° pour de faibles excitations latérales du véhicule. Aucune donnée n'est présentée lors d'excitations plus importantes où la variation des rigidités de dérive serait conséquente. Fukada quant à lui, propose une méthode combinant l'observation et l'intégration directe des mesures dans Fukada (1998, 1999). La méthode réalise un compromis entre la robustesse de l'erreur de modélisation (due à l'intégration directe) et celle du biais du signal (fournie une boucle de retour du modèle de pneu). Une évaluation de la pente et du dévers de la route est également fournie. Dans cette approche duale, l'estimation de la vitesse latérale dépend de l'évaluation du dévers de la route qui, elle-même dépend de l'estimation de la vitesse latérale. Un modèle de pneumatique a été ajouté à cette méthode intégrée dans un système de commande de stabilité de véhicule (VSC). Les résultats de commande semblent suggérer que l'estimation ait été améliorée et soit satisfaisante pour VSC, mais cette dernière amélioration n'est pas confrontée à des capteurs de vitesse.

La combinaison observateur/intégration directe est également utilisée dans Nishio *et al.* (2001), où la principale originalité réside dans l'adaptabilité de l'approche en fonction du coefficient d'adhérence de l'interface roue/sol. Cependant, la robustesse de cette approche n'est pas évaluée pour des changements de coefficient d'adhérence.

Dans Park et al. (2001), les auteurs présentent un système d'aide à la conduite pour la prise de virage et l'évitement de situations critiques. Ce système cherche à contrôler le moment de lacet du véhicule en appliquant un couple de freinage réparti différemment sur les quatre roues. Ce système nécessite le développement d'un contrôleur en amont pour compenser l'action du conducteur, une commande par retour d'états paramétrée par une méthode LQR pour calculer le moment de lacet assurant la stabilité. Le contrôleur nécessite que tous les états du modèle soient disponibles (comme la dérive au centre de gravité). Pour cela, l'utilisation d'un modèle au sein d'un observateur est préférée à une intégration de l'accélération transversale. Le modèle utilisé est non linéaire mais les principales entrées-sorties ne sont pas toutes précisées. Le modèle utilise les efforts aux pneus calculés par un modèle de saturation de pneu proposé dans Nagai et al. (1997). La validation est basée sur des résultats de simulation.

Dans Hac et Simpson (2000), une étude originale de l'estimation de la dérive est développée. Un algorithme pour l'estimation de la vitesse de lacet et l'angle de dérive du véhicule en utilisant l'angle au volant, la vitesse roue et l'accélération transversale est présenté. L'algorithme génère premièrement deux estimations initiales de la vitesse de lacet à partir des vitesses roues et de l'accélération transversale. Une nouvelle estimation est obtenue à partir d'une moyenne pondérée des deux estimations initiales. Les coefficients de pondération sont corrélés au niveau de confiance accordé aux deux premières estimations. Cette dernière estimation est insérée dans un observateur non linéaire qui fournit les estimations de la vitesse de lacet et de l'angle de dérive. Ce papier présente également une estimation du coefficient d'adhérence au sol utilisée par l'observateur. Cette estimation est basée sur le rapport de l'accélération transversale sur l'accélération transversale maximale pour éviter la saturation des pneumatiques. Les paramètres de l'observateur sont dépendants de l'estimation du coefficient de frottement. Le modèle de l'observateur est un modèle bicyclette non linéaire avec un modèle d'effort pneumatique. Les gains de l'observateur sont constants et choisis en fonction de la confiance accordée au modèle et aux mesures. Lorsque les sollicitations sont faibles, l'observateur donne de bons résultats. Par contre, pour des essais mettant en valeur les limites d'adhérence du véhicule, les résultats ne sont pas précis mais peuvent tout de même être utilisés pour obtenir une idée des paramètres dans un contexte de contrôle. Les tests réels ont été réalisés avec trois véhicules sur différentes surfaces.

Le filtrage de Kalman est également utilisé pour la reconstruction de l'angle de dérive comme dans Venhovens et Naab (1999). Les travaux présentés dans ce dernier article se basent sur les mesures des capteurs embarqués dans un véhicule de série pour appliquer le filtre dans le développement de régulateur de vitesse adaptatif, de suivi de trajectoire et ce qui nous intéresse le développement de capteurs virtuels. La validation de la reconstruction de la dérive n'est pas présentée. Dans Best et al. (2000), les auteurs utilisent également le filtrage de Kalman à travers un modèle linéaire et un modèle non linéaire. La vitesse longitudinale et les rigidités de dérive sont considérées constantes. Une comparaison de la qualité des estimations des deux filtres remet en question les hypothèses des filtres. Un filtre de Kalman adaptatif est alors utilisé, qui assimile les rigidités de dérive comme des perturbations. L'amélioration est présentée sur des simulations. Dans Zuurbier et Bremmer (2002), une stratégie de contrôle couplée latéral et longitudinal est présentée en utilisant des actionneurs tels qu'un répartiteur de freinage pour le contrôle du freinage et du châssis et une barre de roulis hydraulique pour le contrôle du roulis du véhicule. L'algorithme de contrôle global utilisant les actionneurs cités ci-dessus nécessite l'estimation des états du véhicule pour assurer une commande robuste. Un filtre de Kalman étendu est alors utilisé pour estimer la vitesse latérale ainsi que la dérive du véhicule. Le modèle utilisé est un modèle quatre roues. Le modèle pneu est un modèle de type Pacejka (« Magic Formula »). Les mesures disponibles sont l'angle au volant, la vitesse de lacet, la vitesse longitudinale et l'accélération latérale. Le principal état estimé est la vitesse latérale. La validation est réalisée à partir d'essais réels. Un Correvit est utilisé pour comparer les estimations de la vitesse transversale. Les courbes présentées donnent de bons résultats. Le processus d'obtention du modèle de l'observateur et de ses paramètres n'est pas fourni, il aurait été intéressant de connaître l'identification du modèle de pneumatique et du modèle quatre roues et enfin de connaître le domaine de validité temporelle de ces modèles.

En 2006, dans Leung et al. (2006), les auteurs proposent l'utilisation d'un filtre de Kalman étendu pour connaître l'influence des incertitudes du modèle sur les performances d'estimation du filtre. Pour cela, la réponse transitoire simulée d'un véhicule est utilisée en présence de bruit stationnaire stochastique, de bruit variant dans le temps et des perturbations externes. Il est constaté que le filtre est capable d'estimer les états permettant d'obtenir la même réponse transitoire uniquement si le modèle de pneu utilisé dans le filtre est identique à celui du modèle de simulation du véhicule. Ils utilisent un modèle à cinq degrés de liberté basé sur un modèle bicyclette. Les deux modèles de pneu sont un modèle linéaire et un modèle non linéaire (Fiala) présenté dans Blundell et Harty (2004). Pour la conception du filtre, l'évaluation en ligne de l'approche de linéarisation par les matrices Jacobiennes est utilisée. Dans le procédé de linéarisation, des hypothèses simplificatrices sont faites pour le modèle de véhicule, tel qu'employer le théorème des petits angles et les modèles linéaires de pneu. Les états estimés du filtre de Kalman sont utilisés comme entrées à un contrôleur de braquage des roues arrières. L'objectif du contrôleur est de minimiser l'angle de dérive du véhicule. Ces travaux ne sont réalisés que par simulation.

Des travaux récents s'intéressent à l'utilisation de différentes formulations d'observateurs en les comparant aux approches classiques d'observateurs de Luenberger et de Kalman. Dans Stéphant (2004) ; Stéphant et al. (2006), les auteurs s'intéressent à l'estimation de la dérive par différents observateurs basés sur un modèle bicyclette linéaire et un modèle bicyclette non linéaire. Les observateurs à modes glissants, le filtre de Kalman et le filtre de Kalman étendu ainsi que les observateurs de Luenberger sont comparés. Ces différents observateurs sont calibrés afin d'obtenir des résultats similaires au comportement du simulateur Callas. Peu de différences sont obtenues entre les différents observateurs car ils se basent sur les mêmes modèles véhicules et les mêmes hypothèses de formulations. Une validation expérimentale est présentée et se base essentiellement sur la comparaison des estimations avec le capteur Correvit S-400, considéré comme un capteur de référence. Les observateurs à modes glissants sont également présentés dans Rabhi (2005), mais sont utilisés pour reconstruire les états non mesurés de l'interface roue/sol, telle que l'adhérence longitudinale.

Les observateurs sont de nos jours utilisés dans des architectures modulaires comme pour les travaux présentés dans Imsland et al. (2006). Le but de ce papier est le développement d'un observateur non linéaire efficace pour la vitesse du véhicule avec des hypothèses de stabilité théoriques. Deux structures d'observateurs sont proposées : une structure modulaire d'observateurs en cascade où l'estimation des vitesses longitudinale et latérale est séparée et un observateur combiné réalisant l'estimation des deux vitesses. L'observateur de la vitesse longitudinale utilise l'information de la vitesse roue, de la vitesse de lacet et de l'accélération longitudinale. Il propose pour l'observateur un gain qui est fonction de la vitesse de rotation de la roue et de l'accélération longitudinale, développé dans Imsland et al. (2005). Le problème de l'observateur est que son erreur converge uniquement lorsque la vitesse est constante ou varie peu. Ces deux observateurs sont utilisés sur des mesures réelles. Les mesures de référence des vitesses sont obtenues par un Correvit. Les gains des observateurs sont constants. Les tests sont réalisés sur sol sec et sur sol enneigé. Les résultats sont acceptables dans les deux cas sachant que l'observateur combiné donne toujours de meilleurs résultats.

Enfin, des études ont été menées pour obtenir l'estimation de l'angle de dérive à partir d'une fusion de données entre les données inertielles d'une centrale inertielle et les informations de un et/ou deux récepteurs GPS. Comme nous l'avons déjà mentionné dans le paragraphe 3.2.1.3, la fusion de données est nécessaire pour augmenter la cadence d'estimation de l'angle de dérive fourni par un système GPS seul. Dans Bevly et al. (2000) et dans Daily et Bevly (2004) les auteurs estiment la dérive en comparant la direction du vecteur vitesse fournie par le GPS au cap du véhicule donné par l'intégration de la vitesse de lacet. Cette estimation basée sur des relations cinématiques ne nécessite aucune connaissance des paramètres du véhicule. Afin de supprimer les biais de la mesure de la vitesse de lacet, ces deux mesures sont fusionnées dans un filtre de Kalman qui intègre la vitesse de lacet. L'estimation est faussée lorsque le véhicule est soumis au roulis ou évolue sur une surface non plane de la route. Les performances du filtre de Kalman cinématique peuvent être rendues insensibles aux roulis, à la pente ou au dévers de la route par l'utilisation d'un deuxième récepteur GPS, (Ryu et al., 2002 ; Anderson, 2004). Dans Ryu et Gerdes (2004), les auteurs ont cherché également à estimer et corriger l'erreur de facteur d'échelle du gyroscope utilisé dans cette approche, car elle peut induire sur une longue période une erreur importante dans l'estimation de la dérive.

Comme nous venons de le voir, la reconstruction de l'angle de dérive est largement étudiée dans la bibliographie. De nombreux modèles et de nombreuses structures d'observateurs y sont présentés. Les validations de ces observateurs sont peu souvent confrontées à des mesures réelles obtenues par des essais avec des véhicules expérimentaux. Une critique générale peut être émise sur l'ensemble de ces travaux : la description de l'identification des modèles utilisés pour la construction des observateurs est souvent absente, et la sensibilité des paramètres de ces modèles sur le résultat de la reconstruction est quasi inexistante.

C'est pourquoi la suite de ce chapitre s'attache à ces deux aspects. Nous avons réalisé, dans le chapitre précédent, la démarche complète d'obtention d'un modèle de la dynamique transversale du véhicule, d'identification de ce modèle par le biais d'une estimation de ces paramètres à partir de mesures réelles. Puis en nous limitant rigoureusement à une application pour le véhicule de série, nous allons construire un observateur dont les résultats sont analysés en fonction de la sensibilité des paramètres. Nous évaluons ensuite cet observateur, dans le contexte de la détection de situations de conduite critiques.

3.5 Présentation et discussion d'un observateur pour une implémentation série

3.5.1 Contraintes et limitations

Lorsqu'il s'agit de réaliser un dispositif d'aide à la conduite pour les véhicules produits de série par les constructeurs automobiles, un nombre de contraintes non négligeables apparaît. Si nous nous mettons à la place d'un client, l'ajout d'un système permettant d'améliorer la sécurité des occupants du véhicule est bénéfique. Mais, bien entendu, ce système ne doit pas engendrer un surcoût trop important et doit être robuste pour éviter au client de visiter son garagiste trop fréquemment. Si nous nous mettons à la place du constructeur, essentiellement en raison de contraintes de coût et de fiabilité, le système d'aide à la conduite doit être peu cher et doit s'insérer sans perturbations au réseau de dispositifs déjà présents au sein des véhicules.

Résumons les dispositifs disponibles au sein d'un véhicule de série. Pour cela, considérons l'ESP (Electronic Stability Program, ou Electronic Stability Control appellation préconisée par la Société des ingénieurs de l'automobile, ou encore Vehicle Dynamic Control pour certains constructeurs étrangers). L'ESP est l'un des plus récents systèmes d'aide à la conduite embarqués dans les véhicules de moyen et haut de gamme et qui tendent à se généraliser sur tous les véhicules comme d'autres systèmes tel que l'ABS (Antilock Brake System). Selon Bosch (2007) et Van Zanten (2000), l'ESP utilise les composants de l'ABS et de l'ASR (système empêchant le patinage des roues motrices). Ces composants sont :

- quatre capteurs de vitesse de rotation des roues ;
- un bloc hydraulique (unité de commande électronique) ;
- un capteur d'angle du volant ;
- un capteur de vitesse de lacet et d'accélération transversale ;
- une interface de commande moteur.

L'unité de commande électronique calcule la vitesse de rotation des roues à partir des signaux transmis par les codeurs associés aux quatre roues. Les capteurs de vitesse mesurent la vitesse de rotation sans contact par le biais de champs magnétiques. Le bloc hydraulique exécute les ordres de l'unité de commande électronique et régule la pression dans les différents cylindres de roue par le biais d'électrovalves. L'information émise par le capteur d'angle du volant permet de précalculer, à l'aide des signaux émis par les capteurs de vitesse de rotation des roues, la trajectoire théorique du véhicule (utilisation d'un modèle véhicule de type bicyclette). La gestion du moteur est réalisée à partir d'une unité de commande électronique qui utilise les informations d'un capteur de pédale d'accélérateur pour commander le régulateur du papillon et les injecteurs. L'accéléromètre et le gyromètre permettent d'obtenir une information sur le comportement transversal du véhicule qui est comparé au comportement du modèle véhicule de référence.

Le développement d'un nouveau système d'aide à la conduite est alors limité par l'utilisation des capteurs existants et embarqués dans le véhicule de série. L'apport d'un nouveau capteur est contraint entre autres par son coût supplémentaire, sa fiabilité, sa dimension et son poids. Dans ce contexte, il est évident que l'ajout d'un capteur tel que le Correvit ou le RT3002, présenté précédemment est impensable pour un véhicule de série. Nous allons discuter d'une solution respectant les contraintes prédéfinies et permettant d'obtenir une information d'angle de dérive du véhicule.

3.5.2 Présentation des observateurs utilisés

Afin de respecter les limitations et contraintes présentées au paragraphe 3.5.1, nous allons utiliser les capteurs disponibles, à savoir le capteur de vitesse roue, l'accéléromètre transversal, le gyromètre et le capteur d'angle au volant. Dans le contexte du véhicule de série, les modèles non linéaires LaDéNL et LaRouDéNL ne peuvent être utilisés pour la mise en œuvre des observateurs, car ils nécessitent la connaissance des efforts longitudinaux ou de l'accélération longitudinale non disponibles. Cependant, dans le paragraphe 2.5.3.3, nous avons montré que l'apport de la vitesse longitudinale comme entrée aux modèles LaDéNL et LaRouDéNL permettait une amélioration de l'estimation des paramètres des modèles. Ainsi nous utilisons deux nouveaux observateurs basés sur les observateurs linéaires qui prennent en compte la variation de la vitesse longitudinale sans nécessiter la connaissance des efforts longitudinaux. Nous obtenons deux structures d'observateurs linéaires à paramètres variants. Pour montrer l'amélioration obtenue, nous les comparons aux résultats des deux observateurs linéaires à paramètres constants (hypothèse de vitesse longitudinale constante).

3.5.2.1 Observateur linéaire bicyclette

Au vu des résultats présentés dans la partie 2.5, nous allons construire un observateur basé sur un modèle linéaire bicyclette, dont les équations ont été données au paragraphe 2.3.3.2 et rappelées ici :

$$-D_1(\beta + \frac{l_1\dot{\psi}}{V_X} - \delta) - D_2(\beta - \frac{l_2\dot{\psi}}{V_X}) = MV\left(\dot{\psi} + \dot{\beta}\right),$$

$$-l_1 D_1(\beta + \frac{l_1\dot{\psi}}{V_X} - \delta) + l_2 D_2(\beta - \frac{l_2\dot{\psi}}{V_X}) = I_{ZZ}\ddot{\psi}.$$
(3.2)

L'observateur de Luenberger LaDé est alors défini par l'équation différentielle d'états 3.3 et l'équation de sortie 3.4 avec les matrices A et B définies par l'équation 2.29 :

$$\begin{pmatrix} \dot{\hat{\beta}}(t) \\ \dot{\hat{\psi}}(t) \end{pmatrix} = A \begin{pmatrix} \hat{\beta}(t) \\ \hat{\psi}(t) \end{pmatrix} + B\delta(t) + K \begin{pmatrix} \dot{\psi}(t) - \dot{\hat{\psi}}(t) \\ a_y(t) - \hat{a}_y(t) \end{pmatrix},$$
(3.3)

$$\begin{pmatrix} \hat{\beta}(t) \\ \dot{\hat{\psi}}(t) \\ \hat{a}_y(t) \end{pmatrix} = \begin{pmatrix} 1 & 0 \\ 0 & 1 \\ \frac{-D_1 - D_2}{M} & \frac{-D_1 l_1 + D_2 l_2}{MV} \end{pmatrix} \begin{pmatrix} \hat{\beta}(t) \\ \hat{\psi}(t) \end{pmatrix} + \begin{pmatrix} 0 \\ 0 \\ \frac{D_1}{M} \end{pmatrix} \delta(t)$$
(3.4)

3.5.2.2 Observateur non linéaire bicyclette

L'observateur non linéaire bicyclette se base sur les deux équations du modèle LaDéNL qui expriment l'évolution de la dérive et de la vitesse de lacet, présentées au paragraphe 2.3.3.1.

Un observateur de Luenberger est alors défini par les équations 3.3 et 3.4 où cette fois la vitesse du véhicule est considérée comme variante dans le temps :

$$\begin{pmatrix} \dot{\hat{\beta}}(t) \\ \dot{\hat{\psi}}(t) \end{pmatrix} = A(t) \begin{pmatrix} \hat{\beta}(t) \\ \hat{\psi}(t) \end{pmatrix} + B(t)\delta(t) + K(t) \begin{pmatrix} \dot{\psi}(t) - \dot{\hat{\psi}}(t) \\ a_y(t) - \hat{a}_y(t) \end{pmatrix},$$
(3.5)

avec les matrices $A(t)$ et $B(t)$ définies par l'équation 2.29, en considérant la vitesse comme variable dans le temps.

$$\begin{pmatrix} \hat{\beta}(t) \\ \dot{\hat{\psi}}(t) \\ \hat{a}_y(t) \end{pmatrix} = \begin{pmatrix} 1 & 0 \\ 0 & 1 \\ \frac{-D_1 - D_2}{M} & \frac{-D_1 l_1 + D_2 l_2}{MV(t)} \end{pmatrix} \begin{pmatrix} \hat{\beta}(t) \\ \hat{\psi}(t) \end{pmatrix} + \begin{pmatrix} 0 \\ 0 \\ \frac{D_1}{M} \end{pmatrix} \delta(t).$$
(3.6)

3.5.2.3 Observateur linéaire LaRouDé

L'observateur linéaire LaRouDé se base sur les équations du modèle LaRouDé, présentées au paragraphe 2.3.2.4.

Un observateur de Luenberger est alors défini par l'équation d'états 3.7 et l'équation d'observation 3.8 , avec les matrices G, H et N définies par l'équation 2.26 :

$$G \cdot \begin{pmatrix} \dot{\hat{\beta}}(t) \\ \dot{\hat{\psi}}(t) \\ \dot{\hat{\theta}}(t) \\ \ddot{\hat{\theta}}(t) \end{pmatrix} = H \cdot \begin{pmatrix} \hat{\beta}(t) \\ \hat{\psi}(t) \\ \hat{\theta}(t) \\ \dot{\hat{\theta}}(t) \end{pmatrix} + N\delta(t) + K \begin{pmatrix} \dot{\psi}(t) - \dot{\hat{\psi}}(t) \\ a_y(t) - \hat{a}_y(t) \end{pmatrix}, \qquad (3.7)$$

$$\begin{pmatrix} \hat{\beta}(t) \\ \dot{\hat{\psi}}(t) \\ \hat{a}_y(t) \end{pmatrix} = \begin{pmatrix} 1 & 0 & 0 & 0 \\ 0 & 1 & 0 & 0 \\ \dfrac{-(D_1+D_2)}{M} & \dfrac{l_2 D_2 - l_1 D_1}{MV} & -\dfrac{h_2 D_2 + h_1 D_1}{MV} & 0 \end{pmatrix} \begin{pmatrix} \hat{\beta}(t) \\ \dot{\hat{\psi}}(t) \\ \hat{\theta}(t) \\ \dot{\hat{\theta}}(t) \end{pmatrix} + \begin{pmatrix} 0 \\ 0 \\ \dfrac{D_1}{M} \end{pmatrix} \delta(t).$$

(3.8)

3.5.2.4 Observateur non linéaire LaRouDé

L'observateur non linéaire LaRouDé est construit à partir de l'observateur linéaire LaRouDé, formulé par les équations 3.7 et 3.8, en considérant la vitesse comme variante dans le temps. Nous obtenons ainsi des matrices G, H et N qui sont fonctions du temps.

3.5.2.5 Choix de la matrice de gain des observateurs

Pour chacun des observateurs présentés précédemment, il est nécessaire de choisir la matrice de gain K en fonction des valeurs propres de la matrice d'états tout en respectant des contraintes de stabilité et convergence de l'erreur de l'observation vers 0. Pour des raisons de stabilité, nous calculons la matrice K de façon que les valeurs propres de l'observateur soient situées dans la moitié gauche du plan complexe. Pour garantir une convergence rapide de l'erreur d'estimation, les pôles de l'observateur doivent se situer à gauche des pôles du système.

La matrice K peut être considérée comme une matrice de pondération de l'erreur. En fonction de sa valeur, le comportement de l'observateur sera différent. Si nous choisissons des pôles pour l'observateur à gauche de ceux du système mais peu éloignés, l'influence du modèle sera prépondérante par rapport aux mesures. Le choix d'une matrice de gain plus grande permet d'augmenter l'influence des mesures sur le résultat du modèle parallèle. Le choix de la matrice K peut ainsi refléter la confiance portée au système et aux mesures (Sprösser, 1992).

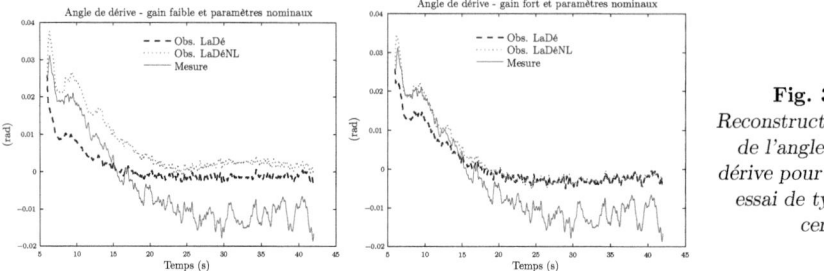

Fig. 3.7
Reconstruction de l'angle de dérive pour un essai de type cercle

Ces deux figures présentent l'influence du choix du gain de l'observateur : à gauche un gain K faible et à droite un gain fort.

La figure 3.7 représente les reconstructions de l'angle de dérive de l'observateur LaDé et l'observateur LaDé non linéaire en fonction du choix de la matrice de gain. Les paramètres utilisés pour les modèles des observateurs sont issus des données constructeur. Cette figure confirme le fait que lorsque nous utilisons un gain donnant plus de poids aux mesures (figure de droite), l'influence de l'erreur engendrée par des paramètres de modèle incorrects est atténuée.

Comme nous allons l'évoquer au paragraphe 3.5.3.2, quelque soit l'observateur utilisé, nous disposons de paramètres qui ne sont pas ceux du système réel, puisqu'ils peuvent être variants dans le temps. Ainsi, nous allons choisir un gain permettant de rendre prépondérant l'influence des mesures sur le comportement du modèle de l'observateur.

Après de nombreux essais, nous avons opté pour un placement systématique des pôles p_i respectant la formulation suivante :

$$p_i = -10 \times |vp_i(A)|, \tag{3.9}$$

où $vp_n(A)$ signifie la nième valeur propre de la matrice A.

Pour les observateurs non linéaires, la matrice A varie au cours du temps puisqu'elle inclut l'expression de la vitesse. Ainsi, nous sommes contraints de faire évoluer la matrice de gain au cours du temps en raison de la variation des valeurs propres de la matrice A.

3.5.3 Estimation de l'angle de dérive par observation

3.5.3.1 Introduction

Lors de la présentation des observateurs au paragraphe 1.4, nous avons mis en valeur que l'hypothèse de base d'un observateur est l'utilisation d'un modèle fidèle au comportement du système réel dont nous cherchons à estimer les états internes. Cette hypothèse implique donc que nous sommes en mesure de trouver une structure de modèle qui soit identique à celle du système et qu'une identification nous ait permis d'obtenir des valeurs de paramètres semblables à ceux du système. Pour évaluer l'incidence du non respect de cette hypothèse, nous procédons en trois étapes lors desquelles nous étudions les performances de nos observateurs pour des hypothèses de moins en moins restrictives et donc correspondant de plus en plus à une application pratique.

Dans le paragraphe 3.5.3.2, nous supposons que nous disposons de paramètres constamment mis à jour à l'aide d'une procédure d'identification périodique. Les résultats d'estimation de l'angle de dérive, dans ce cas, peuvent être qualifiés de limite supérieure par rapport au contexte d'utilisation des observateurs. En effet, comme nous l'avons déjà mentionné, seules des manœuvres particulières réalisées par des pilotes d'essais peuvent garantir la richesse nécessaire des signaux lors de l'identification.

Pour cette raison, nous présentons les résultats des observateurs en utilisant les paramètres constructeurs supposés constants (cf. § 3.5.3.3). Dans cette approche, nous supposons que les paramètres du véhicule ont changé par rapport à ceux du véhicule de test utilisé par le constructeur lors de sa conception, par exemple en raison d'un choix différent de pneumatique.

Dans le paragraphe 3.5.3.4, nous étudions les observateurs dans un contexte applicatif réaliste où des paramètres comme la masse ou les rigidités de dérive, sont inconnus et / ou variants dans le temps.

3.5.3.2 Résultats expérimentaux pour les paramètres estimés

Pour commencer nous nous plaçons dans le contexte le plus favorable (cas irréaliste, comme nous avons déjà vu précédemment), une identification périodique fournit des paramètres proches de ceux du système. Ainsi le comportement du modèle de l'observateur est proche de celui du système, aux erreurs de modélisation près. Nous illustrons la qualité de la reconstruction de l'angle de dérive au centre de gravité du véhicule pour les observateurs basés sur les modèles LaDé et LaDéNL par la figure 3.8.

Malgré une erreur de modélisation lors du choix des structures LaDé ou LaDéNL, nous pouvons remarquer que lorsque nous utilisons les paramètres estimés, la reconstruction est très correcte. L'écart entre les reconstructions des deux observateurs entre $t = 5s$ et $t = 20s$ s'explique par le fait que la vitesse varie et que l'observateur LaDé ne tient pas compte de cette variation.

Cependant, nous savons que les valeurs des paramètres physiques du véhicule évoluent plus ou moins rapidement au cours du temps et donc pour garantir le maintien de qualité pour l'estimation de l'angle de dérive, nous devons supposer qu'un processus d'estimation des paramètres soit réalisé périodiquement. De plus, comme nous l'avons déjà mentionnée, la condition principale d'obtention d'une estimation correcte est l'utilisation d'excitations du véhicule riches en fréquence qui n'est réalisable que par un pilote d'essais. Pour cette raison, dans les paragraphes suivants, nous utilisons les paramètres constructeurs pour les modèles des observateurs.

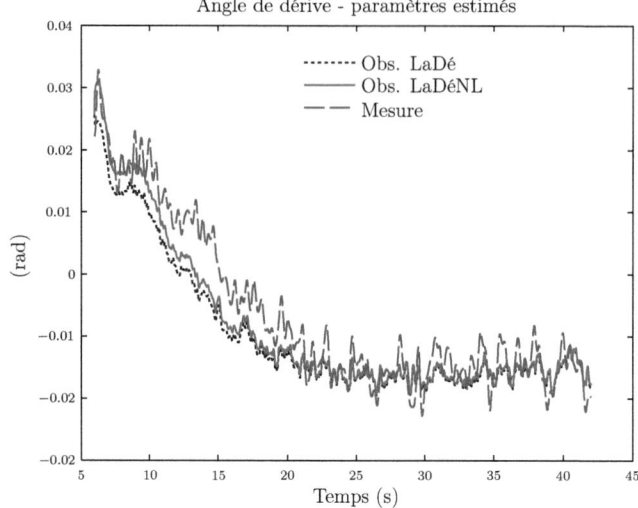

Fig. 3.8
Reconstruction de l'angle de dérive pour un essai de type cercle à 70 km/h

3.5.3.3 Résultats expérimentaux pour les paramètres constructeurs

a. Essais de type circulaire

Nous présentons les résultats de reconstruction de l'angle de dérive pour un essai de type cercle à une vitesse maximale de 50 km/h. Nous utilisons dans un premier temps les paramètres nominaux pour chacun des modèles des observateurs. Les résultats sont présentés sur la figure 3.9.

Les résultats présentent une mauvaise reconstruction pour les observateurs utilisant les modèles LaRouDé et LaRouDéNL. Pour la suite de la présentation des différents résultats, nous ne représenterons plus les reconstructions des observateurs utilisant les modèles LaRouDé et LaRouDéNL. En effet, la phase d'identification a montré qu'il était difficile d'obtenir une bonne estimation des paramètres du modèle LaRouDéNL, et que le comportement de ce dernier était grandement différent de celui du système. Ces remarques ont été vérifiées pour le modèle LaRouDé et pour tous les fichiers de mesures utilisés dans nos travaux.

Les résultats de la figure 3.10 (même essai que celui présenté sur la figure 3.9) confirme le fait que nous ne pouvons pas obtenir la reconstruction de la dérive sans une erreur. Néanmoins la qualité de la reconstruction est satisfaisante. L'influence de la modélisation de la vitesse variante est essentiellement représentée au début du fichier de mesure qui correspond à l'augmentation de la vitesse jusqu'à l'obtention de la vitesse de consigne. La figure 3.11 (essai de type cercle à une vitesse plus élevée) confirme cette dernière remarque : pour les dix premières secondes, l'observateur LaDé fournit une estimation de la dérive moins bonne que celle de l'observateur LaDéNL.

3.5. Observateur de dérive pour une implémentation série ♦ 123

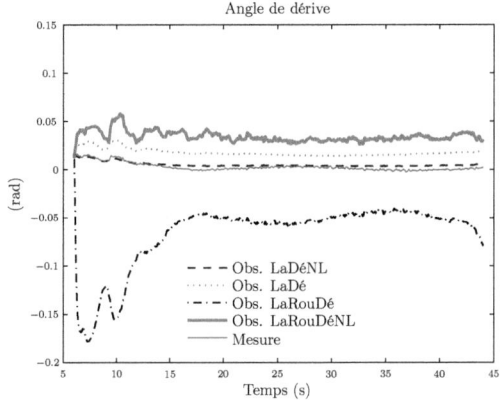

Fig. 3.9
Reconstruction de l'angle de dérive pour un essai de type cercle à 50 km/h

Cette figure représente les reconstructions de l'angle de dérive des différents observateurs. Les paramètres des modèles sont les paramètres nominaux.

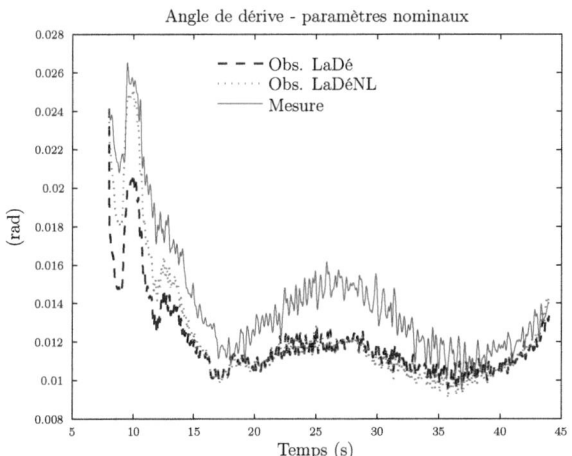

Fig. 3.10
Reconstruction de l'angle de dérive pour un essai de type cercle à 50 km/h

Cette figure représente les reconstructions de l'angle de dérive des observateurs basé sur les modèles LaDé et LaDéNL. Les paramètres des modèles sont les paramètres nominaux.

124 ♦ Application des observateurs à la détermination de la dérive d'un véhicule

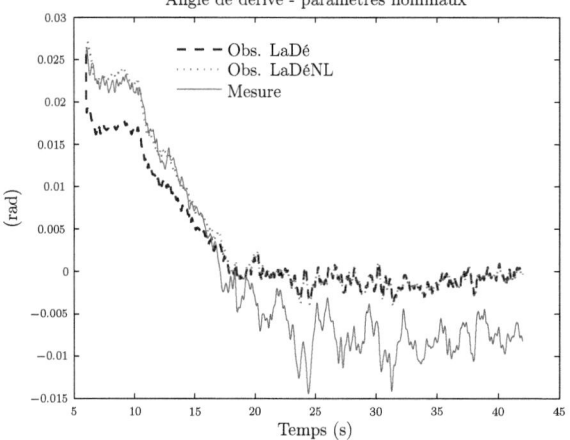

Fig. 3.11
Reconstruction de l'angle de dérive pour un essai de type cercle à 70 km/h

Cette figure représente les reconstructions de l'angle de dérive des observateurs basé sur les modèles LaDé et LaDéNL. Les paramètres des modèles sont les paramètres nominaux.

b. Essais de type sinus wobulé

La figure 3.12 présente les résultats des deux observateurs pour un essai de type sinus wobulé. Les angles de dérive reconstruits par les observateurs linéaire et non linéaire sont très similaires. En effet, la variation de vitesse est très faible durant tout l'essai. Pour les faibles fréquences, la reconstruction de l'angle de dérive est assez fidèle à la mesure. Pour les fréquences plus élevées, la reconstruction est nettement moins bonne. Les observateurs surestiment l'angle de dérive et les dernières variations de la mesure de dérive ne sont pas reconstruites par les observateurs. Ceci peut être expliqué par l'erreur de modélisation commise par le modèle LaDé et essentiellement la non prise en compte du phénomène de ballant des pneumatiques. Les dernières remarques sont confirmées pour un essai de type sinus wobulé à une vitesse longitudinale plus faible (figure 3.13)

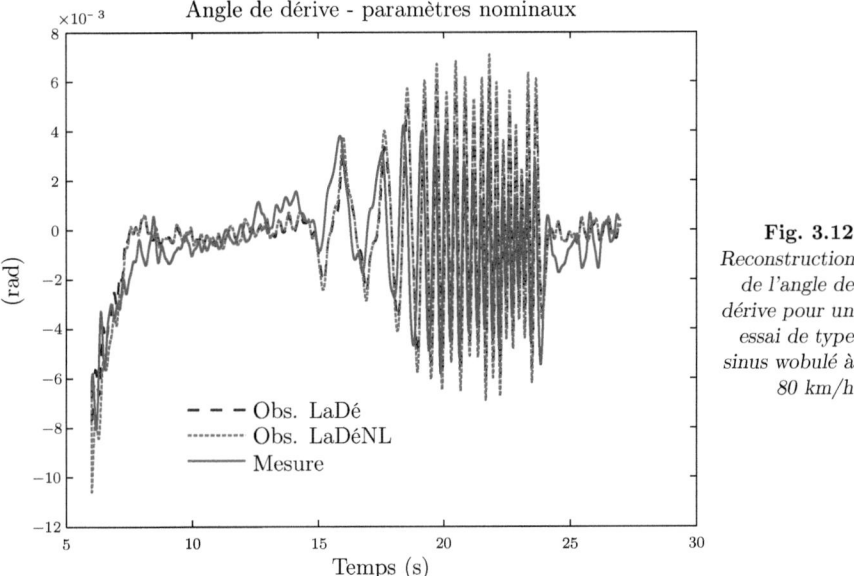

Fig. 3.12 *Reconstruction de l'angle de dérive pour un essai de type sinus wobulé à 80 km/h*

Cette figure représente les reconstructions de l'angle de dérive des observateurs basé sur les modèles LaDé et LaDéNL. Les paramètres des modèles sont les paramètres nominaux. Les deux observateurs présentent des variations des estimations en phase, l'amplitude de l'estimation de l'observateur LaDéNL est plus importante que celle de l'observateur LaDé.

c. Essais dynamiques à grande dérive

Pour le moment, nous avons vérifié la qualité des reconstructions des observateurs pour des essais dont l'amplitude de l'angle de dérive était faible. Nous allons tester ces mêmes observateurs sur des essais générant un angle de dérive plus important. Pour cela, le conducteur accélère

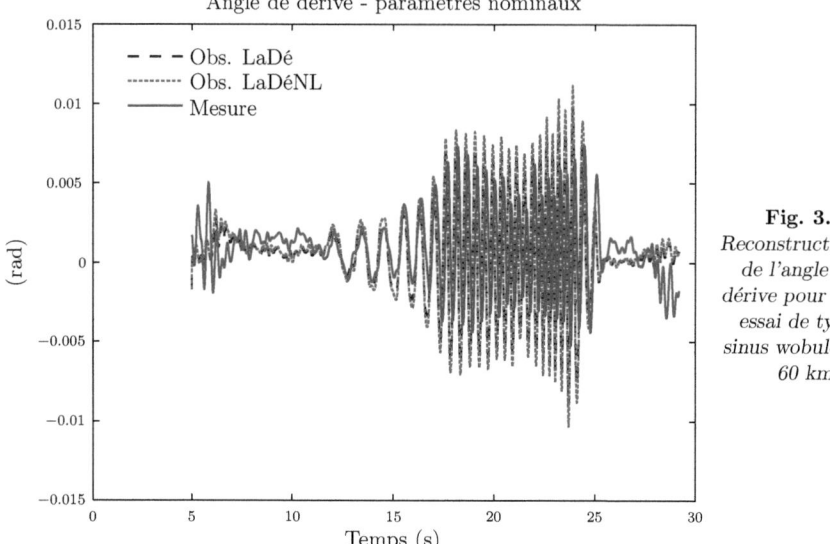

Fig. 3.13
Reconstruction de l'angle de dérive pour un essai de type sinus wobulé à 60 km/h

Cette figure représente les reconstructions de l'angle de dérive des observateurs basé sur les modèles LaDé et LaDéNL. Les paramètres des modèles sont les paramètres nominaux. Les deux observateurs présentent des variations des estimations en phase, l'amplitude de l'estimation de l'observateur LaDéNL est plus importante que celle de l'observateur LaDé.

en ligne droite jusqu'à la vitesse de consigne. Puis il donne un angle au volant faible dans une direction et contre braque rapidement dans l'autre direction tout en lâchant brusquement l'accélérateur et en freinant légèrement. De cette manière, un report de charge est effectué vers l'avant du véhicule ; le train arrière étant délesté, il glisse latéralement. Cette manipulation induit un départ en survirage. Puis pour contrôler son véhicule, le conducteur tourne son volant dans l'autre direction tout en jouant sur l'accélérateur pour maintenir le glissement. Lors de ce test, des angles de dérives allant jusque 8° ont été atteints. Les figures 3.14 et 3.15 représentent les reconstructions de l'angle de dérive pour un essai à grande dérive.

Tout d'abord, les hypothèses choisies lors de la modélisation ne nous permettent pas de garantir un bon comportement des modèles dès lors que l'accélération transversale dépasse les 0,4 g. Donc en testant nos observateurs sur ce type d'essais, nous savons qu'ils sont incapables de fournir une estimation de l'angle de dérive de qualité jusque 8°. Dans le cas de la figure 3.15, à partir de $t = 20s$, l'acclération transversale est supérieure à 0,4 g. Cependant, il est intéressant de remarquer qu'avant cet instant, les variations de l'angle de dérive reconstruit sont en accord avec les variations de la mesure.

3.5. Observateur de dérive pour une implémentation série ♦ 127

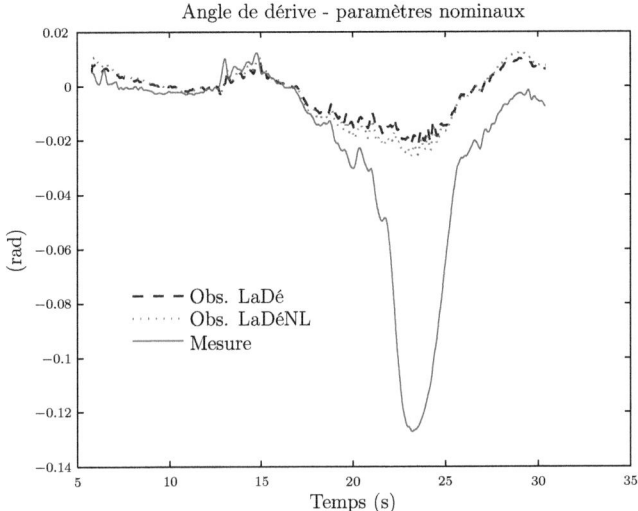

Fig. 3.14
Reconstruction de l'angle de dérive pour un essai de forte dérive

Cette figure représente les reconstructions de l'angle de dérive des observateurs basé sur les modèles LaDé et LaDéNL. Les paramètres des modèles sont les paramètres nominaux.

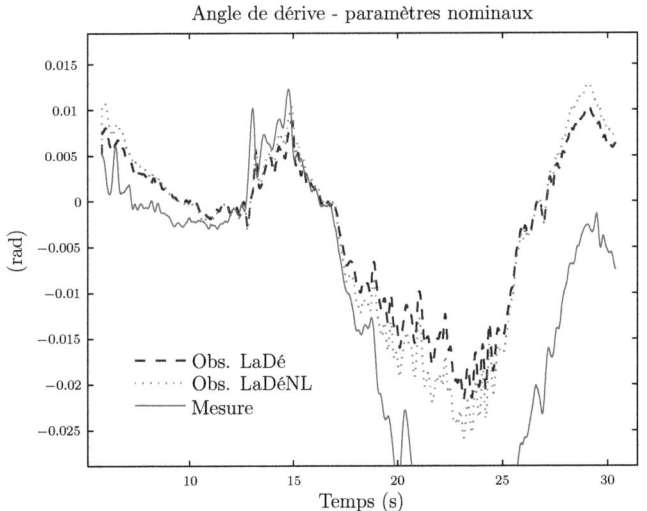

Fig. 3.15
Zoom sur la reconstruction de l'angle de dérive pour un essai de forte dérive

Cette figure représente les reconstructions de l'angle de dérive des observateurs basé sur les modèles LaDé et LaDéNL. Les paramètres des modèles sont les paramètres nominaux.

3.5.3.4 Influence de la variation des paramètres des modèles

Que ce soit pour l'identification ou l'observation de la dynamique transversale, nous avons considéré, jusqu'alors que les paramètres des modèles étaient constants. Même si nous portons une attention particulière à ce que les essais soient réalisés dans des conditions identiques, nous ne pouvons éviter la variation de certains paramètres. Par exemple, pour les pneumatiques, au fur et à mesure des essais, les principales caractéristiques comme la température, la pression ou plus simplement l'usure changent.

Parmi les paramètres utilisés dans les deux modèles LaDé et LaDéNL, les rigidités de dérive peuvent changer d'un essai à l'autre. Nous avons alors voulu mettre en valeur l'influence de la variation des rigidités de dérive sur les résultats de l'observateur. Pour cela, nous avons comparé les reconstructions de l'angle de dérive des observateurs LaDé et LaDéNL avec des paramètres nominaux avec celles pour les mêmes observateurs ayant des paramètres différents (figure 3.16). Nous avons choisi de faire varier les paramètres D_1 et D_2 de $+15\%$ qui représentent la plage de variation de la rigidité de dérive pour un pneumatique entre son état neuf et son état usé (selon le repère d'usure communément utilisé et présents sur les pneumatiques). Cette plage de variation est également envisageable lors d'un même essai telle qu'une manœuvre d'évitement d'obstacle. En effet, cette situation de conduite engendre un report de charge important sur les pneumatiques qui cause une modification de la charge verticale appliquée à chacun des pneumatiques et donc une modification de la valeur de rigidité de dérive. Nous avons réalisé ce test pour des gains d'observateur élevé et faible.

Les figures 3.16 et 3.17 mettent en valeur le fait que les observateurs sont sensibles à une variation des valeurs des rigidités de dérive. De plus, même si nous choisissons un gain d'observateur élevé pour atténuer l'influence du modèle par rapport aux mesures, nous sommes confrontés à cette sensibilité par rapport à ses paramètres.

D'autres paramètres peuvent également varier comme le poids du véhicule, en fonction du nombre d'occupants par exemple. Pour cela, rajoutons au centre de gravité, une masse de 150 kg au poids total du véhicule. Les figures 3.18 et 3.19 présentent le résultat de l'influence de la variation de masse.

Bien que l'influence de la masse soit négligeable par rapport à celle des rigidités de dérive, il est nécessaire d'en tenir compte.

Donc, pour obtenir un bon comportement des observateurs, il faut remettre à jour les paramètres régulièrement comme nous l'avons déjà mentionné. Mais la grande variation de certains paramètres comme les rigidités de dérive nous oblige à réaliser une estimation des paramètres en temps réel, ce qui est impossible dans le contexte d'un véhicule de série actuel.

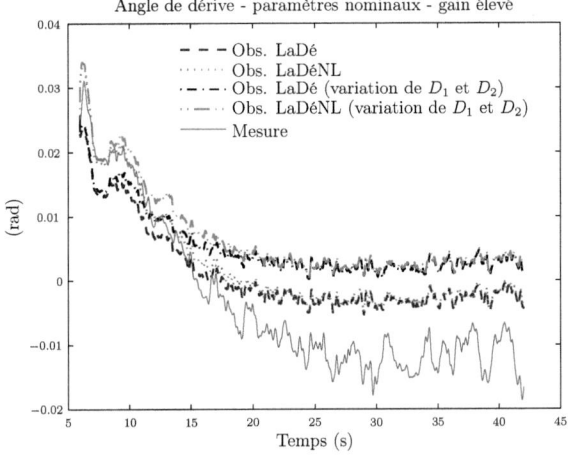

Fig. 3.16
Influence de la variation des rigidités de dérive sur les reconstructions des observateurs

La figure représente l'influence de la variation des paramètres D_1 et D_2 sur l'estimation de l'angle de dérive lorsque le gain des observateurs est élevé.

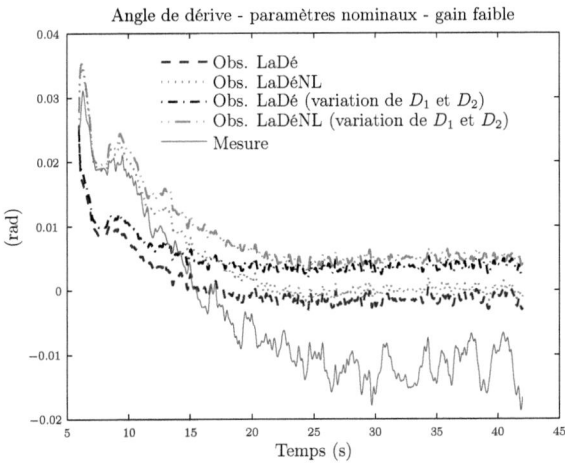

Fig. 3.17
Influence de la variation des rigidités de dérive sur les reconstructions des observateurs

La figure représente l'influence de la variation des paramètres D_1 et D_2 sur l'estimation de l'angle de dérive lorsque le gain des observateurs est faible.

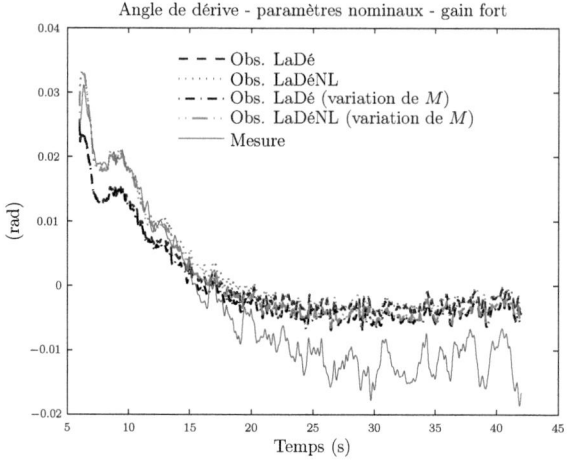

Fig. 3.18
Influence de la variation de la masse du véhicule sur les reconstructions des observateurs

La figure représente l'influence de la variation de la masse sur l'estimation de l'angle de dérive lorsque le gain des observateurs est élevé.

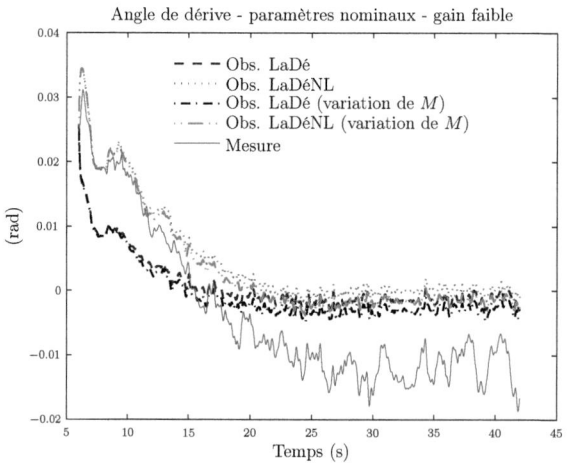

Fig. 3.19
Influence de la variation de la masse du véhicule sur les reconstructions des observateurs

La figure représente l'influence de la variation de la masse sur l'estimation de l'angle de dérive lorsque le gain des observateurs est faible.

3.6 Utilisation des observateurs de dérive pour la détection de défauts de capteurs pour un véhicule de série

3.6.1 Introduction

Comme nous l'avons mentionné dans le paragraphe 3.5.2.5, le fait de ne pas pouvoir estimer correctement les paramètres des modèles des observateurs nous impose un gain pour les observateurs permettant un comportement plus sensible aux mesures des capteurs qu'aux modèles. Le risque est donc de faire confiance à des mesures de capteurs qui peuvent être erronées. Dans ce paragraphe, nous avons voulu étudier la possibilité d'utilisation des observateurs pour la détection de défaut.

Tout d'abord, nous allons résumer les définitions utilisées dans le domaine du diagnostic et proposées par le comité technique SAFEPROCESS de l'IFAC (International Federation of Automatic Control).

- Le défaut est considéré comme une dérive non admissible de son comportement standard, d'au moins une propriété caractéristique ou d'une variable du système.
- La défaillance est une interruption permanente de la capacité d'un système à effectuer ses fonctions attendues dans des conditions de fonctionnement nominales.
- La détection de défauts est la détermination des défauts présents dans un système et de leurs instants de détection.
- L'isolation des défauts est la détermination du type, de la localisation et des instants des défauts.
- L'identification des défauts est la détermination de l'amplitude et du comportement temporel des défauts
- Le diagnostic des défauts est la détermination du type, de l'amplitude, de la localisation et des instants de détection des défauts.

Afin de détecter et d'isoler les défauts d'un système, une redondance d'information est indispensable. Parfois, pour des applications sensibles, cette redondance d'information est obtenue par une redondance matérielle. Si nous considérons que le système soumis à un défaut est un capteur, nous allons dans le cadre de la redondance matérielle, utiliser deux ou trois capteurs identiques pour augmenter la fiabilité de l'information et détecter un défaut. La redondance d'information peut également être faite de manière analytique. Cette dernière est basée sur l'utilisation de capteurs de nature différente et d'un ou plusieurs modèles du système. Dans le diagnostic à base de modèles, nous retrouvons l'utilisation de cette redondance analytique.

Le diagnostic à base de modèles a vu le jour au début des années 70, dans le domaine aérospatial. Durant les années 80 et 90, l'utilisation de ce type de diagnostic a connu un essor important. Aujourd'hui, il constitue un vaste thème de recherche présenté dans de nombreux ouvrages de référence tels que Patton *et al.* (1989) ; Basseville et Nikiforov (1993) ; Gertler (1998) ; Chen et

Patton (1999). Les méthodes de diagnostic à base de modèles ont été développées pour différentes classes de modèles : les modèles d'intelligence artificielle (Hamscher *et al.*, 1992), les modèles de systèmes à évènements discrets (Larsson, 1999 ; Sampath *et al.*, 1995) ou encore les modèles à variables continues à temps discret ou continu.

La structure de diagnostic à base de modèles la plus courante est celle qui se base sur l'approche des résidus. Cette structure contient alors la génération de résidus et leur évaluation. Un résidu est utilisé comme indicateur de défaut. Il s'agit d'un signal variant dans le temps et obtenu par le composant indispensable d'un système de diagnostic à savoir le générateur des résidus. Ce générateur se base usuellement sur un modèle du système surveillé et sur ses entrées connues pour produire une estimation des sorties qui est comparée à la mesure des sorties du système. La différence entre la mesure et l'estimation fournit donc l'amplitude du résidu. Dans la plupart des applications, nous cherchons à obtenir un résidu d'amplitude faible en l'absence de défaut, et un résidu qui diverge significativement lorsqu'un défaut survient.

Lorsqu'un résidu est généré, il est nécessaire de décider si son amplitude est suffisamment importante pour refléter la présence d'un défaut. Il s'agit de l'étape d'évaluation des résidus. Une approche intuitive consiste à utiliser un seuil défini en fonction du niveau de bruit et/ou de l'intervalle d'incertitude du modèle du système et de comparer le résidu généré à ce seuil. Cette solution sera retenue dans nos travaux. D'autres générations et évaluations des résidus sont présentées, par exemple dans Basseville et Nikiforov (1993) ; Sauter *et al.* (2002) ; Join (2002) ; Blanke *et al.* (2003).

3.6.2 Structure de diagnostic à base de modèles : approche par observation

Le concept d'estimation d'états dans l'approche de diagnostic de défaut est courante depuis les années 70. De nombreux auteurs ont cherché à résoudre le problème de diagnostic par un observateur (de type Luenberger ou filtre de Kalman) ou par des bancs d'observateurs dans Mehra et Peshon (1971) ; Clark *et al.* (1975) ; Willsky (1976) ; Clark (1978b,a) ; Frank et Keller (1980) ; Frank (1990) ; Patton *et al.* (2000). La structure utilisant un seul observateur est présentée dans la figure 3.20.

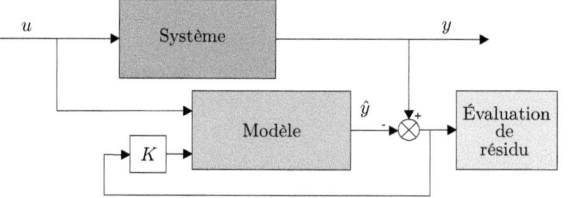

Fig. 3.20
Configuration classique de génération de résidu à travers l'estimation d'états

Dans l'hypothèse d'observabilité du système, le banc d'observateurs consiste en l'utilisation de plusieurs observateurs. Parmi les plus connus figure le DOS (Dedicated Observer Scheme) proposé dans Clark et al. (1975) (figure 3.21). Chaque sortie mesurée du système est utilisée par un seul observateur qui fournit une estimation de cette sortie. Un résidu par capteur est donc généré par la différence entre la mesure et l'estimation. Dans le cas d'un capteur défectueux, il y aura des différences entre les estimations fournies par l'observateur qui utilise la mesure de ce capteur, et les mesures. Les autres résidus ne seront pas affectés par ce défaut. Si aucun capteur n'est défectueux, le résidu est idéalement nul, par contre, en pratique, il est non nul en raison des erreurs de modélisation et du bruit de mesure. Ainsi, il est indispensable d'appliquer un filtrage intelligent afin de trouver un compromis entre la sensibilité de détection et la détection de « fausses alarmes ».

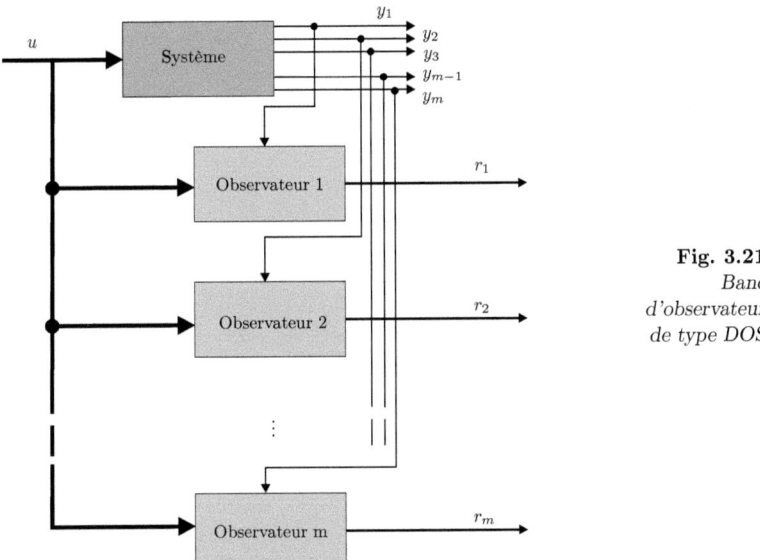

Fig. 3.21
Banc
d'observateur
de type DOS

Frank (1987) propose la structure de banc d'observateurs GOS (Generalized Observer Scheme) présentée sur la figure 3.22. Il s'agit d'une modification du DOS de façon à obtenir plus de robustesse. Au lieu d'utiliser une seule mesure par observateur et d'estimer les autres, chaque observateur estime les sorties à partir des toutes les mesures sauf une. Dans le cas d'un capteur défectueux, tous les observateurs signalent une différence entre les estimations et les mesures, à l'exception de l'observateur qui n'est pas connecté au capteur défectueux. Cette méthode est plus robuste que le DOS, mais ne permet de détecter qu'un seul défaut à la fois.

Dans le cadre de nos travaux, nous avons à notre disposition deux sorties mesurées à savoir l'accélération transversale (a_Y) et la vitesse de lacet ($\dot{\psi}$). Nous avons étudié les deux structures (DOS et GOS) pour analyser le potentiel de détection d'un défaut sur l'un des deux capteurs. La structure DOS est présentée sur la figure 3.23, et la structure GOS sur la figure 3.24.

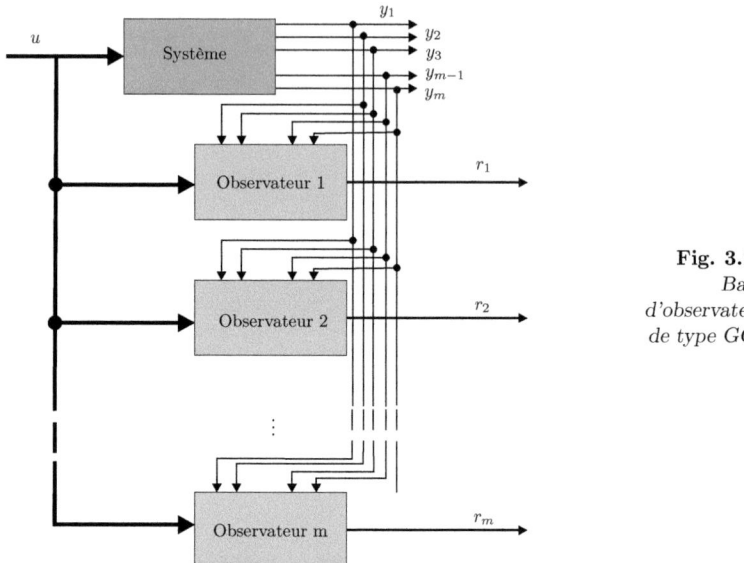

Fig. 3.22
Banc d'observateur de type GOS

En ce qui concerne le DOS, il ne peut être utilisé dans notre contexte d'application, car les gains des observateurs sont choisis élevés (§ 3.5.2.5). En effet, les observateurs sont conçus de manière à minimiser les erreurs d'estimation. Ceci implique que la détection d'un défaut sur un des deux capteurs est impossible puisque les deux résidus calculés seront toujours faibles.

La structure GOS permet de remédier à ce problème. Cette fois, nous estimons une sortie du système en utilisant les mesures des autres sorties du système. Par exemple pour estimer la vitesse de lacet, nous utilisons l'erreur d'observation entre la mesure et l'estimation de l'accélération transversale. De cette manière, en principe, les résidus générés seront sensibles à la présence d'un défaut sur un des capteurs du système. En revanche, en pratique, la qualité du diagnostic de défaut par la structure GOS est conditionnée par la qualité des modèles des observateurs. Dans notre cas, en l'absence de défaut, les observateurs ne sont pas en mesure d'estimer la vitesse de lacet et l'accélération transversale suffisamment correctement pour générer un résidu faible, puisque comme nous l'avons déjà mentionné, les modèles des observateurs ne sont pas bien quantifiés. L'amplitude du résidu, dans le cas sans défaut est alors déjà tellement important, qu'un défaut ne peut être détecté, mis à part un défaut de type perte totale de la mesure du capteur.

3.6.3 Structure de détection de défaut choisie

Dans le cadre de nos travaux, nous nous sommes attachés à un diagnostic des capteurs, à savoir la détection de défauts à l'aide de bancs d'observateurs. En tenant compte des problèmes de

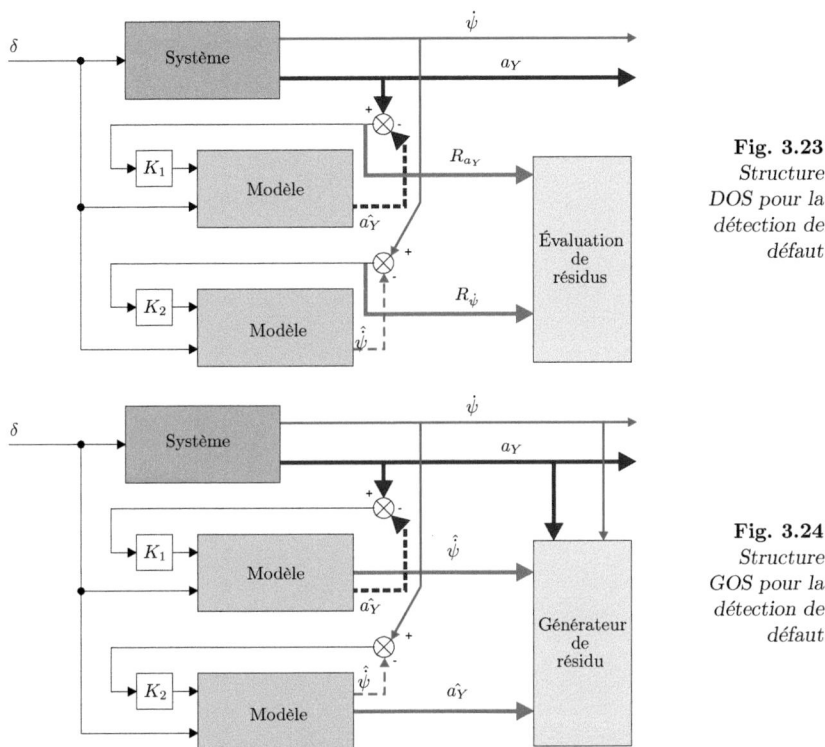

Fig. 3.23
Structure
DOS pour la
détection de
défaut

Fig. 3.24
Structure
GOS pour la
détection de
défaut

quantification des modèles, nous allons générer les résidus à partir d'une estimation d'un signal non mesuré, à savoir la dérive. Le banc d'observateurs proposé à la figure 3.25 est inspiré de différents schémas existants.

Cette structure est composée de l'observateur non linéaire basé sur le modèle lacet-dérive (Obs. LaDéNL) qui utilise les mesures de la vitesse de lacet ($\dot{\psi}$) et de l'accélération transversale (a_Y) pour reconstruire l'angle de dérive ($\hat{\beta}_{LaDeNL}$). Un deuxième observateur (Obs. LaDéNL$\dot{\psi}$), basé sur le même modèle que l'observateur précédent (Obs. LaDéNL) utilise uniquement la mesure de la vitesse de lacet pour reconstruire l'angle de dérive ($\hat{\beta}_{LaDeNL_{\dot{\psi}}}$). Le dernier, l'observateur « Obs. LaDéNLa_Y » utilise quant à lui, la mesure de l'accélération transversale. Chacun de ces observateurs utilise la même entrée, à savoir l'angle au volant δ et chacun possède une matrice de gain (K_1, K_2 et K_3) qui est fixée de manière à donner plus d'importance aux mesures qu'aux comportements des modèles des observateurs. Enfin, un générateur de résidu utilise les reconstructions des trois observateurs ainsi que les mesures de l'angle au volant, de l'accélération transversale et de la vitesse de lacet pour donner une information sur la présence d'un défaut.

L'utilisation de trois observateurs est indispensable en raison de la qualité des modèles des différents observateurs. Comme l'avons vu dans le paragraphe 3.5, l'estimation des paramètres

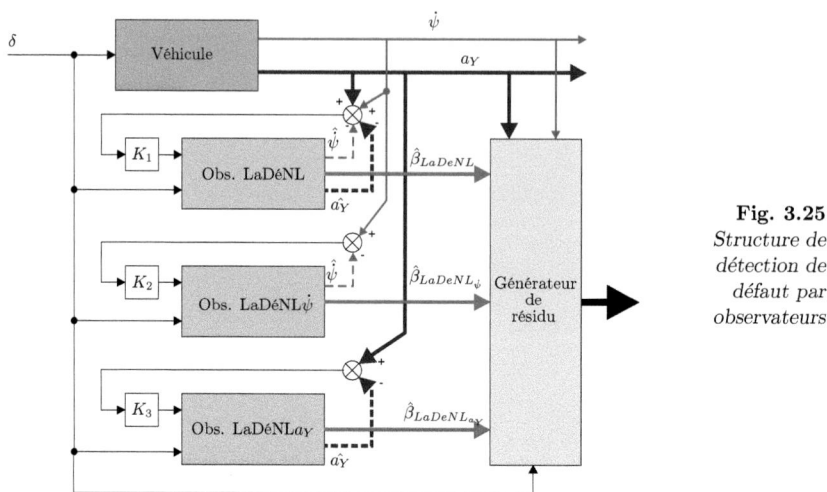

Fig. 3.25
Structure de détection de défaut par observateurs

physiques des modèles des observateurs ne permet pas d'obtenir un comportement des modèles suffisamment proche de celui du véhicule. Ainsi, le résidu généré est important qu'il y ait un défaut ou non sur un des capteurs. Une simple comparaison des amplitudes des deux estimations de l'angle de dérive ne permet donc pas de déduire la présence d'un défaut. Nous devons alors analyser la variation relative d'un résidu en ajoutant une troisième estimation de l'angle de dérive par un observateur supplémentaire. La dérive estimée par le troisième observateur permet ainsi de générer deux résidus supplémentaires.

Nous supposons qu'un défaut n'affecte simultanément qu'un seul des trois capteurs et nous précisons que lorsque nous évoquons un capteur, nous considérons implicitement l'ensemble conditionneur et capteur. Les défauts mis en valeur dans notre approche et ajoutés aux mesures réelles sont de deux types :

- défaut de type rupture (valeur de sortie nulle ou saturée) :
- défaut de type évolutif (valeur de sortie se dégrade par l'apparition d'un offset (défaut additif) ou une modification du gain (défaut multiplicatif)).

Pour des facilités d'écriture nous allons définir les trois résidus générés et évalués :

- r_1 est le résidu issu des estimations $\hat{\beta}_{LaDeNL}$ et $\hat{\beta}_{LaDeNL_{a_Y}}$;
- r_2 est le résidu issu des estimations $\hat{\beta}_{LaDeNL}$ et $\hat{\beta}_{LaDeNL_{\dot\psi}}$;
- r_3 est le résidu issu des estimations $\hat{\beta}_{LaDeNL_{a_Y}}$ et $\hat{\beta}_{LaDeNL_{\dot\psi}}$.

3.6.4 Détection d'un défaut de type rupture

Le défaut de capteur de type rupture correspond à une mesure nulle ou saturée du capteur. Pour détecter ce type de défaut sur l'un des trois capteurs, à savoir le potentiomètre (angle au volant), l'accéléromètre (accélération transversale) et le gyromètre (vitesse de lacet), nous utilisons les résidus générés suivant la structure de la figure 3.25. Nous allons distinguer le défaut correspondant à une mesure nulle du défaut correspondant à une saturation.

3.6.4.1 Détection d'une panne engendrant une mesure nulle ou absente

Pour le défaut de type mesure nulle ou absente, la détection n'est possible que lorsque le véhicule possède une vitesse non nulle et que le conducteur applique une consigne d'angle au volant. Lors d'une prise de virage tous les capteurs considérés devraient fournir une valeur non nulle.

Pour la mesure de l'angle au volant, la détection est simple. L'estimation de l'angle de dérive par les trois observateurs utilise cette mesure comme entrée. Si cette dernière est nulle, nous allons avoir une différence nette entre l'estimation $\hat{\beta}_{LaDeNL_{\psi}}$ et les deux autres. En effet, la vitesse de lacet est directement liée à l'angle au volant, ce qui est moins le cas pour l'accélération transversale. De plus, l'influence de la mesure de l'accélération transversale est beaucoup plus importante que celle de la vitesse de lacet pour le comportement de l'observateur « Obs. LaDéNL ». Ainsi, nous détectons une mesure nulle de l'angle au volant lorsque le résidu r_1 est faible alors que les résidus r_3 et r_2 sont importants.

Pour la mesure de la vitesse de lacet, le résidu r_2 et le résidu r_3 sont équivalents. Ils sont différents du résidu r_1 qui est quasi nul.

Nous réalisons la même démarche pour l'accélération transversale et cette fois c'est le résidu r_2 qui est quasi nul comparé au deux autres résidus. La figure 3.26 présente les estimations des observateurs lorsque, par exemple, l'accéléromètre subit une panne engendrant une mesure nulle. La détection et la localisation du défaut est donc possible, mais en tenant compte des autres résultats ou autres défauts possibles, nous ne saurons pas l'identifier.

3.6.4.2 Détection d'une panne engendrant une saturation du capteur

Pour ce défaut, nous pouvons le détecter dès lors que le véhicule suit une trajectoire rectiligne, c'est-à dire que l'angle au volant est nul et ceci quelle que soit la vitesse. Nous allons détecter une saturation d'un des capteurs de la même manière que lors de la détection d'un défaut de type mesure nulle. C'est-à-dire que les comportements relatifs des résidus sont équivalents, que les capteurs fournissent une mesure nulle ou une saturation (figure 3.27).

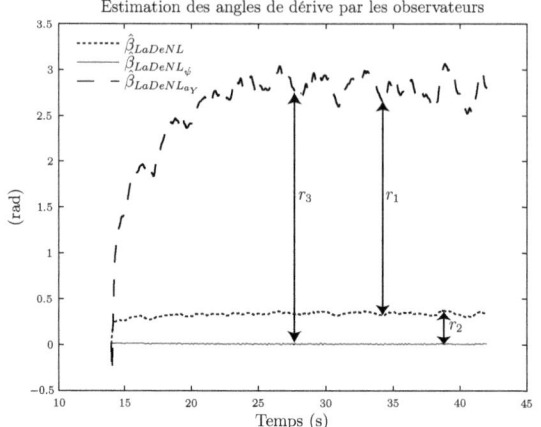

Fig. 3.26
Détection d'une mesure nulle de l'accéléromètre

3.6.5 Détection d'un défaut de type évolutif

Nous entendons par défaut de type évolutif d'un capteur, une dégradation lente dans le temps de la mesure du capteur. Dans le cadre de notre application, le principe de la détection est d'attendre que la dégradation soit telle qu'une différence peut être détectée. En effet, la détection de certains défauts nécessite que le véhicule soit dans une situation particulière telle que la prise de virage, et le temps d'évolution du défaut n'est souvent pas suffisamment court pour détecter un défaut de type évolutif dans le cas d'une prise de virage. Dans le cas où l'évolution du défaut est rapide, alors la détection de ce défaut revient en quelque sorte à la détection d'une panne engendrant une saturation du capteur. C'est pourquoi, nous devons attendre que la conséquence du défaut dépasse un certain seuil dépendant du niveau de bruit, pour pouvoir le détecter sur des manœuvres plus courtes. Dans une première approche, nous pouvons détecter un défaut de type évolutif pour une variation supérieure à 2% de la pleine échelle pour le gyromètre et 1,5% de la pleine échelle pour l'accéléromètre et le potentiomètre (les valeurs des pleines échelles sont fournis au paragraphe 2.4.2.2).

Nous considérons que la relation entre la mesure du phénomène physique (u) d'un capteur (+conditionneur) et la mesure de sortie de ce même capteur (y) peut s'écrire sous la forme :

$$y = a \cdot u + b, \tag{3.10}$$

avec a, un coefficient de gain et b un coefficient d'offset pour le capteur. Un drift peut agir sur ces deux coefficients, nous allons donc distinguer l'impact de ce défaut sur chacun d'entre eux.

3.6.5.1 Détection d'une dérive sur le coefficient d'offset

Pour la détection d'un offset sur la mesure de l'angle au volant, nous avons besoin que le véhicule se situe dans une situation où il évolue en ligne droite. De la même manière que pour la détection

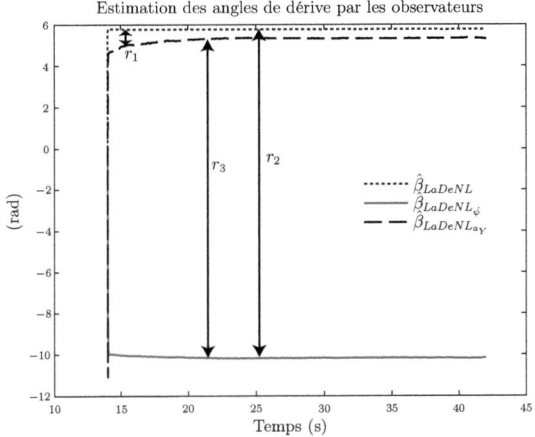

Fig. 3.27
Détection d'une mesure saturée du potentiomètre

d'une saturation sur la mesure de l'angle au volant, nous pouvons vérifier que le résidu r_1 est faible alors que les résidus r_2 et r_3 sont importants.

Pour les deux autres mesures nous allons nous placer dans le même contexte de circulation en ligne droite et nous pouvons réaliser les mêmes comparaisons que celle que nous avons présentée lors de la détection d'un défaut de type saturation. La figure 3.28 présente, par exemple, l'effet d'un offset de valeur 0.5 rad/s sur la mesure de la vitesse de lacet. Cependant, les écarts entre les résidus sont dépendants des valeurs des offsets. C'est-à-dire que plus l'offset est faible, plus la détection de ce type de défaut est difficile.

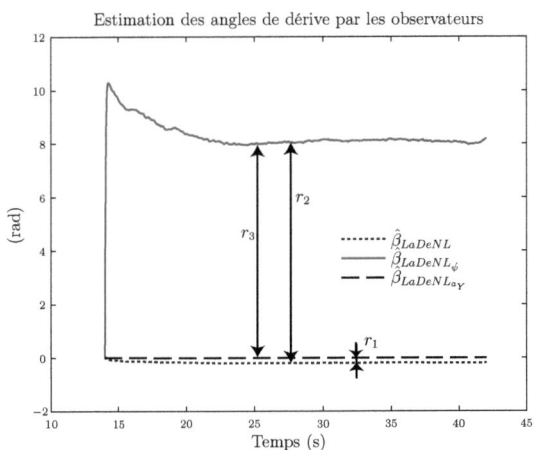

Fig. 3.28
Détection d'un offset sur la mesure du gyromètre

Nous pouvons considérer que la vitesse du véhicule influence également la détection de l'offset, comme le présente la figure 3.29. Ainsi, si nous considérons un seuil de détection donné, pour un conducteur ayant une conduite plus rapide, nous détecterons l'offset plus facilement que pour une personne conduisant plus prudemment. C'est d'autant plus intéressant que les personnes qui roulent plus vite, se mettent dans des situations plus risquées et nécessitent donc plus d'aides pour éviter l'accident.

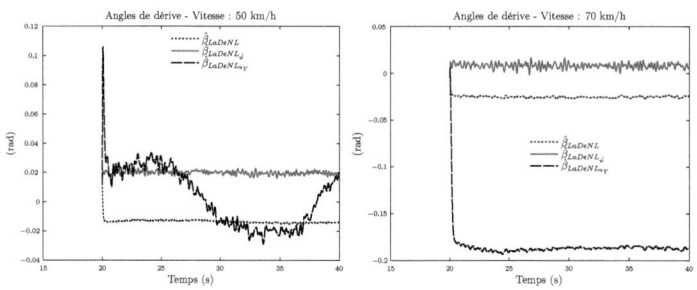

Fig. 3.29
Influence d'un offset sur la mesure du capteur accélération transversale en fonction de la vitesse longitudinale

Les figures présentent la reconstruction de l'angle de dérive par les trois observateurs issus du modèle LaDé non linéaire lorsqu'un offset de valeur $0,5 m/s^2$ est présent sur la mesure de l'accélération transversale. La figure de gauche correspond à une trajectoire circulaire à une vitesse de $50\,km/h$ tandis que celle de droite au même essai à une vitesse de $70\,km/h$.

3.6.5.2 Détection d'un drift sur le coefficient de gain

Pour la détection de ce type de défaut, nous allons procéder de manière identique que pour la détection d'un drift sur le coefficient d'offset.

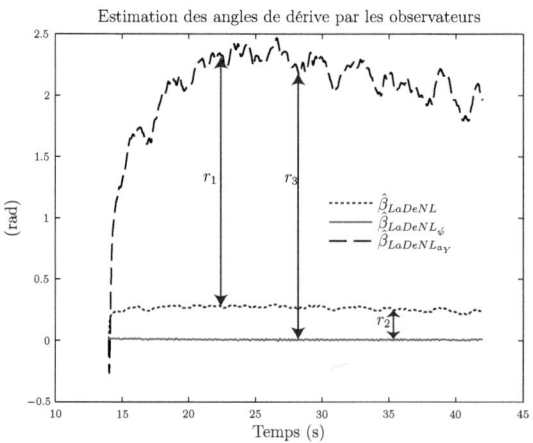

Fig. 3.30
Détection d'un drift sur le gain de l'accéléromètre

Pour un drift de gain du potentiomètre, nous obtenons une variation semblable pour tous les résidus, ce qui nous ramène à utiliser la méthode de détection d'un offset. Nous ne serons donc pas en mesure d'identifier le défaut. Pour un drift de gain sur l'une des deux autres mesures, nous pourrons détecter et isoler le défaut, en comparant les résidus comme nous l'avons fait pour la détection d'un défaut de type rupture. Par exemple, la figure 3.30, présente l'effet d'un drift sur le gain de l'accéléromètre.

3.7 Conclusion

Ce chapitre consacré à la mesure ou l'estimation de l'angle de dérive a présenté trois approches différentes. Une caractérisation de capteurs commercialisés correspondant à deux des trois approches a été réalisée dans le but d'obtenir une évaluation de leurs performances en fonction de leur condition d'utilisation. La troisième approche que nous retrouvons dans de nombreux travaux consiste en l'estimation de l'angle de dérive à partir d'observateurs basée sur une modélisation du véhicule. Alors qu'ils sont souvent présentés comme un outil efficace et moins onéreux que les capteurs commercialisés, nous avons cherché à évaluer la qualité des observateurs basés sur les modèles de la dynamique transversale obtenus au chapitre précédent.

Nous avons montré les conséquences des difficultés rencontrées lors de l'obtention d'une structure de modèle quantifiée sur l'estimation de l'angle de dérive. En effet, l'utilisation d'un modèle qui présente une erreur de modélisation ainsi que quelques paramètres de mauvaise qualité, ne nous permet pas d'estimer correctement la dérive. De plus, même en garantissant une bonne estimation des paramètres, la variation de ces derniers dans le temps nous contraint à les estimer régulièrement voire en temps réel, ce qui dans un contexte de véhicule de série actuel n'est pas envisageable.

Nos résultats montrent que les observateurs seuls dans un contexte d'intégration à un véhicule de série et avec les outils proposés, ne peuvent fournir une estimation précise de l'angle de dérive. Néanmoins la précision de l'estimation est suffisante pour les utiliser dans une stratégie de détection de défaut.

Nous avons proposé un diagnostic à base de modèles utilisant trois observateurs en parallèle. Un générateur de résidu utilisant les estimations des angles de dérive des trois observateurs permet de détecter un défaut de type rupture ou de type évolutif, simultanément sur un seul des trois capteurs. En ce qui concerne la localisation du défaut, nous pouvons isoler l'origine d'une panne si cette dernière intervient sur l'accéléromètre, en revanche, nous ne pouvons pas distinguer un défaut sur le potentiomètre ou sur le gyromètre. Dans l'état actuel de nos travaux, le générateur de résidu utilisé ne nous permet pas non plus d'identifier le type de défaut. Étant donné que les observateurs ne permettent pas de se substituer au capteur défectueux, cette incapacité à identifier le défaut ne peut pas être vue comme une limitation majeure.

Perspectives et conclusion générale

Sommaire

Perspectives 144
Conclusion 147

Perspectives

Le travail présenté dans ce mémoire ouvre quelques perspectives. Tout d'abord, dans la partie modélisation de la dynamique transversale, nous avons mis en évidence l'importance de la précision des paramètres considérés comme constants sur le comportement global des modèles. Plus particulièrement, le comportement du modèle non linéaire incluant la dynamique de roulis n'apporte pas d'amélioration notable comme nous aurions pu le penser. En effet, la considération du roulis est censé nous permettre de réduire l'erreur de modélisation commise lorsque nous ne tenons compte que des dynamiques de lacet et de dérive. Les mauvais résultats s'expliquent par la qualité des paramètres dans l'expression de la dynamique de roulis dans le modèle. Il serait donc intéressant de mettre à jour ces paramètres, comme par exemple la position de l'axe de roulis par rapport au sol et au centre de gravité, le tenseur d'inertie, etc. Pour ce faire, une estimation directe pourrait être envisagée. Par le terme estimation directe, nous entendons des mesures directes sur le véhicule de manière à mettre à jour les paramètres comme nous le faisons pour le positionnement statique du centre de gravité par l'intermédiaire de balances. Brossard (2006) propose l'utilisation d'une plate-forme trifilaire pour la mesure des moments et des produits d'inertie. La manipulation consiste alors à placer le véhicule sur une plate-forme équilatérale suspendue au plafond par trois fils d'acier de même longueur. En écartant la plate-forme de sa position d'équilibre et en la lâchant sans vitesse initiale, nous pouvons relever la période du mouvement oscillatoire de la plate-forme. Puis les éléments de la matrice d'inertie sont déterminés par plusieurs essais différents (plate-forme seule, plate-forme avec un élément dont la matrice inertielle est connue, plate-forme avec le véhicule, inclinaison du véhicule sur la plate-forme). Mais ces manipulations sont délicates et onéreuses, même si nous nous plaçons dans le contexte de véhicule de laboratoire.

Il est alors envisageable de procéder différemment. L'étude de l'identifiabilité structurelle a montré que les paramètres du roulis ne peuvent être estimés en même temps que les autres paramètres, à savoir Izz, D_1, D_2, Aro et Kro. Par l'étude de sensibilité nous avons constaté que la dynamique de roulis était plus influente lorsque l'excitation du véhicule dépassait les 2 Hz. Ainsi, avec ces deux dernières remarques, nous pouvons imaginer une nouvelle stratégie d'identification des paramètres. Par exemple, en prenant des mesures réelles correspondantes à une excitation riche en fréquence (par exemple, un sinus wobulé), nous pouvons définir deux jeux de paramètres à estimer respectant les propriétés d'identifiabilité. Le premier jeu correspond aux paramètres de la dynamique de lacet et de dérive (Izz, D_1 et D_2) et le second aux paramètres de la dynamique de roulis (Aro, Kro, I_{XX}, I_{XZ}, h_0, h_1 et h_2). L'estimation fonctionnerait de façon itérative en cherchant, tout d'abord, à estimer un jeu de paramètres en considérant l'autre constant. Puis en utilisant les résultats d'estimation pour le premier et en le définissant constant, il faut estimer le deuxième jeu de paramètres. De cette manière et sous condition de convergence, nous pouvons estimer les paramètres sensibles de la dynamique de roulis afin d'améliorer le comportement général des modèles tels que ceux présentés dans ces travaux (LaRouDé et LaRouDéNL).

Le quatrième chapitre de ce mémoire à introduit une utilisation originale des observateurs dans le domaine de la détection de défauts et dans la contribution de l'amélioration de l'aide à la conduite. Concernant la détection de défaut, une perspective à court terme est le test de cette approche en implémentant les observateurs sur le PC industriel du véhicule et en utilisant ce véhicule dans le contexte d'une conduite classique. Nous pourrons tester la détection d'une panne correspondant à une mesure nulle d'un des capteurs, en le débranchant. Pour tester la présence d'un offset, nous pourrons déplacer le gyromètre du centre de gravité, incliner l'accéléromètre ou encore ajouter une tension supplémentaire sur le conditionneur du capteur.

Nous pouvons envisager l'utilisation des observateurs présentés au paragraphe 3.5.2 dans un contexte de détection de situations de conduite critiques pour une implémentation dans un véhicule de série. L'idée n'est pas d'obtenir un système d'aide à la conduite qui peut remplacer ceux actuellement disponibles comme par exemple, l'ESP, mais d'évaluer si l'apport de la connaissance de l'angle de dérive peut contribuer à une amélioration du fonctionnement de ces systèmes, ou plus simplement servir de redondance d'informations dans la prise de décision lors de l'intervention d'un système d'aide à la conduite. Selon ce qui a été mis en valeur tout au long de ce manuscrit, nous ne pouvons prétendre fournir à un système d'aide à la conduite la valeur instantanée de l'angle de dérive avec une précision suffisante. Cependant, nous pouvons envisager d'utiliser les observateurs dans le cadre de la détection d'une situation dans laquelle le véhicule possède une variation de l'angle de dérive trop importante pour assurer la stabilité du véhicule. En effet, l'idée est la suivante : l'étude temporelle de la correction apportée au modèle de l'observateur par l'intermédiaire de la matrice de gain nous renseigne d'une certaine manière sur la qualité de ce modèle à suivre les variations des mesures des capteurs. C'est-à-dire que plus cette correction est faible, meilleur est le comportement du modèle de l'observateur par rapport aux mesures. Lorsqu'une situation de conduite critique survient, les mesures des capteurs vont fournir une information sur une soudaine variation de la dynamique du véhicule. Si à ce moment, la correction apportée à l'observateur varie de manière similaire, cela signifie que le comportement du modèle de l'observateur est soudainement plus éloigné de la réalité que d'habitude. Nous pouvons supposer que la correction reflète également une situation non prévisible par le modèle à savoir une situation de conduite critique.

Pour évaluer cette approche, nous avons utilisé les essais à grande dérive présentés dans le paragraphe 3.5.3.3. Dans la figure 3.32, nous comparons la variation de la correction apportée au modèle (plus précisément à l'état « dérive ») à la variation de l'angle de dérive mesurée par le capteur RT3002 pour des essais qui correspondent à des départs en situations de conduite critiques mais qui sont maîtrisées par le pilote (figure 3.31). Nous considérons que pour une dérive dépassant les 0,05 rad à la vitesse de 90 km/h, nous avons une situation dangereuse pour un conducteur non expérimenté. Ainsi, l'idée est de définir un seuil de détection de la variation de dérive tenant compte de la vitesse du véhicule et qui pourrait être variable selon le conducteur et selon le type de route. Dans le cas de la figure 3.31, nous pouvons envisager un seuil qui permet de signaler un danger à $t = 17s$. Cette première étude de faisabilité nous prouve que la démarche amène des perspectives intéressantes, dans le but de l'extraction d'informations fiables pour la détection de situations de conduite critiques.

Le véhicule du laboratoire utilisé pour ces essais de grandes dérives n'est pas équipé d'un dispositif ESP. Sur ces essais, nous ne pouvons pas connaître l'instant de déclenchement du système ESP, de manière à évaluer l'apport de cette approche de détection de situations de conduite critiques par l'étude de la variation importante de la correction apportée au modèle de l'observateur. Il serait nécessaire de réaliser des tests expérimentaux dédiés à la détection de situations de conduite critiques. Pour cela, l'utilisation d'un véhicule récent de type série et équipé de l'ESP serait nécessaire, mais il faudrait de plus avoir accès aux informations des capteurs de l'ESP, ce qui semble dans un premier temps difficile.

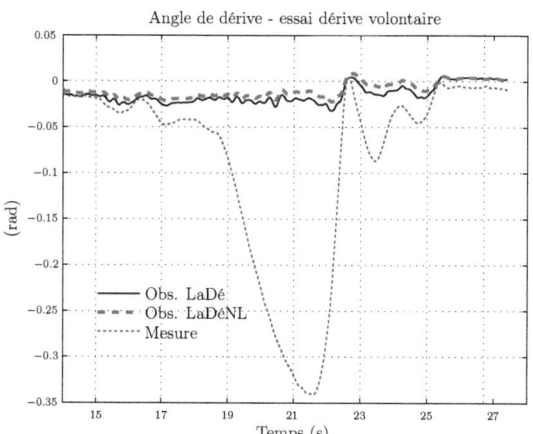

Fig. 3.31
Essai de mise en dérive volontaire du véhicule

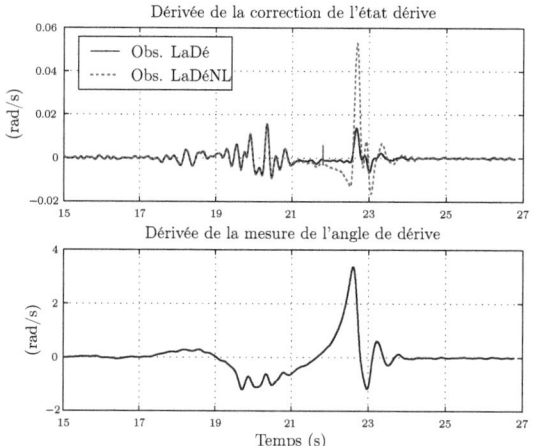

Fig. 3.32
Essai de mise en dérive volontaire du véhicule

La figure du haut représente l'évolution temporelle de la dérivée du signal de correction apporté à l'état $\hat{\beta}$ du modèle de l'observateur. La figure du bas représente l'évolution temporelle de la dérivée de la mesure de l'angle de dérive.

Conclusion

Les travaux de thèse présentés dans ce mémoire étaient consacrés à l'étude de l'obtention de l'angle de dérive au châssis du véhicule. En effet, pour les constructeurs automobiles, l'estimation de l'angle de dérive aurait pour intérêt d'améliorer la modélisation et la simulation du comportement global du véhicule dans le but de diminuer le temps et le coût de sa conception. Dans le contexte de la sécurité active, l'estimation de l'angle de dérive peut également être intéressante par l'apport d'une information supplémentaire à une stratégie globale d'aide à la conduite. Nous avons choisi d'orienter nos recherches d'estimation de l'angle de dérive dans le contexte d'un véhicule de série.

Avant d'établir une stratégie d'obtention de l'angle de dérive, nous nous sommes intéressés à l'existant. Un état de l'art sur l'estimation ou la mesure de cet angle a été réalisé et a mis en valeur trois approches différentes. La première consiste en la mesure optique du défilement de la route pour la détermination des composantes du vecteur vitesse du véhicule, afin de calculer l'angle de dérive. Cette approche se trouve intégrée dans des capteurs commerciaux développés par la société CorrSys-Datron. La seconde approche propose une mesure GPS fusionnée à une mesure inertielle. Les mesures du cap du véhicule et de la direction du vecteur vitesse sont alors utilisées pour fournir une mesure de l'angle de dérive. Cette approche est développée dans des capteurs par des sociétés telles que Oxford Technical Solutions et Racelogic. Le coût de ces deux premières approches ne permet pas leur intégration dans une configuration électronique d'un véhicule de série. Par une phase de caractérisation, nous avons évalué leur comportement respectif afin de les utiliser comme mesures de référence de la dérive. La dernière approche est abordée dans de nombreux travaux de recherche et consiste en l'estimation de l'angle de dérive à partir d'observateurs basés sur une modélisation du comportement du véhicule.

Cette dernière approche n'a pas abouti à la conception et à la commercialisation d'un capteur, alors qu'elle est souvent présentée comme un outil efficace et bon marché. Nous avons alors évalué ses performances. Pour cela, nous avons réalisé la démarche complète pour l'obtention d'observateurs, à savoir la modélisation de la dynamique transversale et l'estimation des paramètres du modèle. Lors de la modélisation, nous avons mis en valeur que le choix du modèle devait respecter un compromis entre complexité et performance. En effet, en raison d'un protocole d'essai contraignant, la modélisation est réduite aux seules dynamiques qui peuvent être excitées par un conducteur classique. Ainsi, il en résulte une erreur de modélisation non négligeable qui a une conséquence sur la qualité de l'estimation des paramètres du modèle. Lors de la phase d'identification, nous avons montré que la qualité de l'estimation dépendait également de la configuration de capteurs choisie couplée également au protocole d'essai. Par exemple, lorsque le signal d'excitation est pauvre en fréquence, il est nécessaire d'utiliser l'information de l'angle de dérive pour garantir une estimation des paramètres dans des conditions favorables. Cependant, un capteur d'angle de dérive ne faisant pas parti de la configuration électronique d'un véhicule de série, nous avons montré qu'il était difficile, voire impossible d'obtenir un modèle de la dynamique transversale fidèle au comportement d'un véhicule de série. Pour appuyer cette dernière affirmation, nous avons évalué la possibilité d'obtenir une excitation suffisante lorsqu'un conducteur classique était dans une situation d'évitement d'obstacle. Malheureusement, il est également indispensable que l'excitation soit suffisamment persistante et ceci sur une durée supérieure à celle que nécessite généralement l'évitement d'un obstacle.

Suite à ces constatations, lors de la phase de modélisation et d'identification, nous avons déterminé la conséquence sur la qualité d'estimation de l'angle de dérive par un observateur dans le contexte du véhicule de série. En raison de la qualité du modèle et de la difficulté de faire évoluer ce modèle au cours du temps, l'estimation précise de l'angle de dérive s'avère délicate. De plus, même en supposant de disposer d'une remise à jour des paramètres du modèle (par exemple, lors d'un passage chez le garagiste), la variation de certains d'entre eux, à savoir les rigidités de dérive, impose une estimation des paramètres en temps réel.

Néanmoins, les observateurs peuvent être utilisés différemment. Nous avons proposé une stratégie de détection de défauts utilisant trois observateurs en parallèle qui ne nécessitent pas l'estimation régulière des paramètres de leur modèle. Cette détection permet d'établir un diagnostic fonction de la panne, pouvant dans le contexte de l'aide à la conduite assister les dispositifs existants tel que l'ESP.

Enfin, nous pouvons constater que ces travaux ouvrent de nombreuses perspectives visant à améliorer le processus d'obtention d'un modèle quantifié de la dynamique transversale, mais également une utilisation alternative des observateurs d'états dans un contexte de détection de situations de conduite critiques.

Élaboration des modèles de dynamique transversale

A.1 Principe fondamental de la dynamique

Cette partie détaille l'établissement de la structure de modèle LaRouDéNL, présentée dans la partie 2.3.1. Nous utilisons le repère défini dans la figure 2.3.

L'accélération absolue au centre de gravité de la partie suspendue dans le repère (O,X,Y,Z) s'exprime par :

$$\gamma_{Abs} = \gamma_E + \gamma_R + \gamma_C \;, \tag{A.1}$$

avec

- γ_E, l'accélération du point O_1 du repère (O_1,x_1,y_1,z_1) (noté R) par rapport au repère (O,X,Y,Z) (noté R_0) ;
- γ_R, l'accélération du point G du repère (G,x,y,z) (noté R_1) par rapport au repère (O_1,x_1,y_1,z_1) ;
- γ_C, l'accélération de Coriolis.

A.1.1 Calcul de l'accélération d'entraînement

La vitesse d'entraînement dans le repère (O_1,x_1,y_1,z_1) du véhicule est :

$$V_{O(R/R_0)} = \begin{pmatrix} V\cos\beta \\ V\sin\beta \\ 0 \end{pmatrix} . \tag{A.2}$$

Calculons l'accélération d'entraînement de la manière suivante :

$$\gamma_{O(R/R_0)} = \frac{dV_{O(R/R_0)}}{dt} = \begin{pmatrix} \dot{V}\cos\beta - V\dot{\beta}\sin\beta \\ \dot{V}\sin\beta + V\dot{\beta}\cos\beta \\ 0 \end{pmatrix} + \begin{pmatrix} 0 \\ 0 \\ \dot{\psi} \end{pmatrix} \wedge \begin{pmatrix} V\cos\beta \\ V\sin\beta \\ 0 \end{pmatrix} , \tag{A.3}$$

d'où

$$\gamma_E = \gamma_{O(R/R_0)} = \begin{pmatrix} \dot{V}\cos\beta - V(\dot{\beta}+\dot{\psi})\sin\beta \\ \dot{V}\sin\beta + V(\dot{\beta}+\dot{\psi})\cos\beta \\ 0 \end{pmatrix} . \tag{A.4}$$

A.1.2 Calcul de l'accélération relative

L'accélération relative au centre de gravité s'exprime par :

$$\gamma_R = \gamma_{G(R_1/R)} = \frac{dV_{G(R_1/R)}}{dt} \quad . \tag{A.5}$$

Or la vitesse du centre de gravité dans R_1 par rapport à R peut être obtenue par :

$$V_{G(R_1/R)} = GO \wedge \Omega_{(R_1/R)}$$

$$V_{G(R_1/R)} = \begin{pmatrix} 0 \\ 0 \\ -h_0 \end{pmatrix} \wedge \begin{pmatrix} \dot{\theta} \\ 0 \\ 0 \end{pmatrix} = \begin{pmatrix} 0 \\ -h_0\dot{\theta} \\ 0 \end{pmatrix} , \tag{A.6}$$

et

$$\frac{dV_{G(R_1/R)}}{dt} = \begin{pmatrix} 0 \\ -h_0\ddot{\theta} \\ 0 \end{pmatrix} + \begin{pmatrix} 0 \\ 0 \\ \dot{\psi} \end{pmatrix} \wedge \begin{pmatrix} 0 \\ -h_0\dot{\theta} \\ 0 \end{pmatrix} = \begin{pmatrix} 0 \\ -h_0\ddot{\theta} \\ 0 \end{pmatrix} + \begin{pmatrix} h_0\dot{\theta}\dot{\psi} \\ 0 \\ 0 \end{pmatrix} . \tag{A.7}$$

Nous obtenons finalement l'expression de l'accélération d'entraînement :

$$\gamma_R = \begin{pmatrix} h_0\dot{\theta}\dot{\psi} \\ -h_0\ddot{\theta} \\ 0 \end{pmatrix} . \tag{A.8}$$

A.1.3 Calcul de l'accélération de Coriolis

L'accélération de Coriolis au centre de gravité s'exprime par :

$$\gamma_C = 2\omega_E \wedge V_{G(R_1/R)} , \tag{A.9}$$

avec ω_E le vecteur de rotation de R par rapport à R_0. Dans le repère R, nous avons :

$$\omega_E = \begin{pmatrix} 0 \\ 0 \\ \dot{\psi} \end{pmatrix} , \tag{A.10}$$

et

$$V_{G(R_1/R)} = \begin{pmatrix} 0 \\ -h_0\dot{\theta} \\ 0 \end{pmatrix} . \tag{A.11}$$

Nous obtenons finalement l'expression de l'accélération de Coriolis :

$$\gamma_C = \begin{pmatrix} -2h_0\dot{\theta}\dot{\psi} \\ 0 \\ 0 \end{pmatrix} . \tag{A.12}$$

A.1.4 Conclusion

L'accélération absolue du véhicule s'exprime donc par :

$$\gamma_{Abs} = \begin{pmatrix} \dot{V}\cos\beta - V(\dot{\beta}+\dot{\psi})\sin\beta - h_0\dot{\theta}\dot{\psi} \\ \dot{V}\sin\beta + V\dot{\beta}\cos\beta - h_0\ddot{\theta} \\ 0 \end{pmatrix} . \tag{A.13}$$

Finalement, les forces d'inertie absolues s'appliquant au centre de gravité, mais projetées dans le repère intermédiaire R sont :

$$F = M\gamma_E + m_s\gamma_R + m_s\gamma_C . \tag{A.14}$$

Ce qui nous donne l'équation 2.13 :

$$\begin{aligned} F_X &= M\left(\frac{dV}{dt}\cos(\beta) - V\left(\dot{\psi}+\dot{\beta}\right)\sin(\beta)\right) - m_sh_0\dot{\theta}\dot{\psi}, \\ F_Y &= M\left(V\left(\dot{\psi}+\dot{\beta}\right)\cos(\beta) + \frac{dV}{dt}\sin(\beta)\right) - m_sh_0\ddot{\theta}, \\ F_Z &= 0. \end{aligned} \tag{A.15}$$

A.2 Théorème du moment dynamique

Comme le moment dynamique s'obtient par dérivation du moment cinétique, nous allons tout d'abord exprimer le moment cinétique.

A.2.1 Calcul du moment cinétique

Soit H_{O_1} le moment cinétique en O_1, nous pouvons définir la relation suivante :

$$H_{O_1/R_0} = H_{G/R_0} + OG \wedge m_s V_{G(R_1/R_0)} \ . \tag{A.16}$$

H_{G/R_0} est le moment cinétique en G de la partie suspendue dont nous considérons les composantes dans le repère de la caisse (G,x,y,z). Les moments d'inertie sont constants, par rapport à ce même repère.

$$H_{G/R_0} = \begin{pmatrix} I_{XX} & 0 & I_{XZ} \\ 0 & I_{YY} & 0 \\ I_{XZ} & 0 & I_{ZZ} \end{pmatrix} \begin{pmatrix} \dot{\theta} \\ 0 \\ \dot{\psi} \end{pmatrix} = \begin{pmatrix} I_{XX}\dot{\theta} + I_{XZ}\dot{\psi} \\ 0 \\ I_{XZ}\dot{\theta} + I_{ZZ}\dot{\psi} \end{pmatrix} \ . \tag{A.17}$$

Les inerties de couplage I_{XY} et I_{YZ} sont nulles car nous avons fait l'hypothèse que le véhicule est symétrique par rapport au plan (x,z).

$$OG = \begin{pmatrix} 0 \\ 0 \\ h_0 \end{pmatrix} \text{ et } V_{G(R_1/R_0)} = \begin{pmatrix} V\cos\beta \\ V\sin\beta - h_0\dot{\theta} \\ 0 \end{pmatrix} \ . \tag{A.18}$$

$$OG \wedge m_s V_{G(R_1/R_0)} = \begin{pmatrix} -m_s h_0 V \sin\beta + m_s h_0^2 \dot{\theta} \\ m_s h_0 V \cos\beta \\ 0 \end{pmatrix} \ . \tag{A.19}$$

Finalement, le moment cinétique en O_1 s'exprime par :

$$H_{O_1/R_0} = \begin{pmatrix} I_{XX}\dot{\theta} + I_{XZ}\dot{\psi} - m_s h_0 V \sin\beta + m_s h_0^2 \dot{\theta} \\ m_s h_0 V \cos\beta \\ I_{XZ}\dot{\theta} + I_{ZZ}\dot{\psi} \end{pmatrix} \ . \tag{A.20}$$

A.2.2 Calcul du moment dynamique

Nous dérivons le moment cinétique de l'équation A.20 par rapport au temps et nous l'exprimons dans le repère R_1 :

$$\frac{dH_{0_1/R_1}}{dt} = \frac{dH_{0_1/R_0}}{dt} + \Omega_{(R_1/R_0)} \wedge H_{0_1/R_0} ,\qquad (A.21)$$

et

$$\Omega_{(R_1/R_0)} \wedge H_{0_1/R_0} = \begin{pmatrix} \dot{\theta} \\ 0 \\ \dot{\psi} \end{pmatrix} \wedge \begin{pmatrix} I_{XX}\dot{\theta} + I_{XZ}\dot{\psi} - m_s h_0 V \sin\beta + m_s h_0^2 \dot{\theta} \\ m_s h_0 V \cos\beta \\ I_{XZ}\dot{\theta} + I_{ZZ}\dot{\psi} \end{pmatrix}$$

$$\Omega_{(R_1/R_0)} \wedge H_{0_1/R_0} = \begin{pmatrix} -m_s h_0 V \cos\beta \dot{\psi} \\ I_{XX}\dot{\theta}\dot{\psi} + I_{XZ}\dot{\psi}^2 - m_s h_0 V \dot{\psi} \sin\beta + m_s h_0^2 \dot{\theta}\dot{\psi} - I_{XZ}\dot{\theta}^2 - I_{ZZ}\dot{\psi}\dot{\theta} \\ m_s h_0 V \dot{\theta} \cos\beta \end{pmatrix} .$$

(A.22)

Puis

$$\frac{dH_{0_1/R_0}}{dt} = \begin{pmatrix} I_{XX}\ddot{\theta} + I_{XZ}\ddot{\psi} - m_s h_0 \dot{V} \sin\beta - m_s h_0 V \dot{\beta}\cos\beta + m_s h_0^2 \ddot{\theta} \\ m_s h_0 \dot{V} \cos\beta - m_s h_0 V \dot{\beta}\sin\beta \\ I_{XZ}\ddot{\theta} + I_{ZZ}\ddot{\psi} \end{pmatrix} . \qquad (A.23)$$

Nous obtenons finalement le moment dynamique :

$$\frac{dH_{0_1/R_1}}{dt} = \begin{pmatrix} (I_{XX} + m_s h_0^2)\ddot{\theta} + I_{XZ}\ddot{\psi} - m_s h_0 \dot{V}\sin\beta - m_s h_0 V(\dot{\beta}+\dot{\psi})\cos\beta \\ m_s h_0 \dot{V}\cos\beta - m_s h_0 V(\dot{\beta}+\dot{\psi})\sin\beta + (I_{XX} - I_{ZZ} + m_s h_0^2)\dot{\psi}\dot{\theta} + I_{XZ}(\dot{\theta}^2 - \dot{\psi}^2) \\ I_{XZ}\ddot{\theta} + I_{ZZ}\ddot{\psi} + m_s h_0 V\dot{\theta}\cos\beta \end{pmatrix} .$$

(A.24)

A.2.3 Conclusion

Les équations du mouvement résultantes de l'équation A.24 que nous retrouvons dans l'équation 2.14 s'écrivent donc :

$$\begin{aligned}
M_X &= \left(I_{XX} + m_s h_0^2\right)\ddot{\theta} + I_{XZ}\ddot{\psi} - m_s h_0 V \cos(\beta)\left(\dot{\beta} + \dot{\psi}\right) - m_s h_0 \sin(\beta)\frac{dV}{dt}, \\
M_Y &= -m_s h_0 V \sin(\beta)\left(\dot{\beta} + \dot{\psi}\right) + m_s h_0 \cos(\beta)\frac{dV}{dt} \\
&\quad + \left(I_{XX} - I_{ZZ} + m_s h_0^2\right)\dot{\theta}\dot{\psi} - I_{XZ}\left(\dot{\theta}^2 - \dot{\psi}^2\right), \\
M_Z &= m_s h_0 V \cos(\beta)\dot{\theta} + I_{XZ}\ddot{\theta} + I_{ZZ}\ddot{\psi}\ .
\end{aligned} \qquad (A.25)$$

B

Application à l'identification de la dynamique transversale d'un véhicule

158 ♦ Application à l'identification de la dynamique transversale d'un véhicule

B.1 Résultats d'estimation des paramètres

B.1.1 Signaux de type sinus modulé en fréquence

B.1.1.1 Modèle LaDéNL

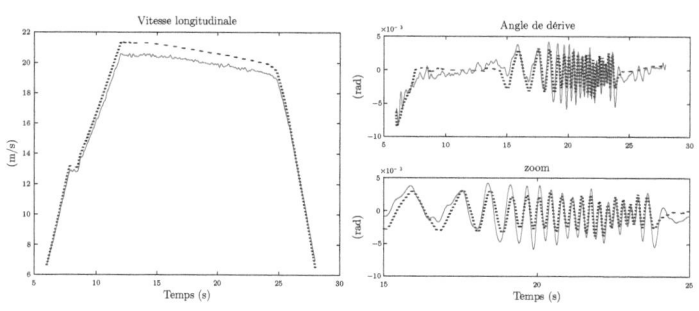

Fig. B.1
Comparaison des sorties vitesse et dérive avec les mesures réelles d'un essai sinus wobulé pour le critère $C_{LaDeNLderive}$ et le modèle LaDéNL

Seule la mesure de l'angle de dérive (trait plein) est utilisé par le critère, nous obtenons des résultats similaires à la figure 2.27.

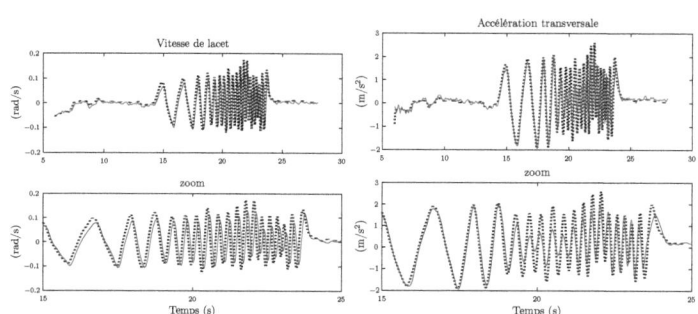

Fig. B.2
Comparaison des sorties vitesse de lacet et accélération transversale avec les mesures réelles d'un essai sinus wobulé pour le critère $C_{LaDeNLderive}$ et le modèle LaDéNL

Nous observons dans ce cas qu'il y a un écart plus important entre la mesure (en trait plein) et la sortie « vitesse de lacet » , tandis que pour l'accélération transversale l'écart est quasi identique à celui observé sur la figure 2.28.

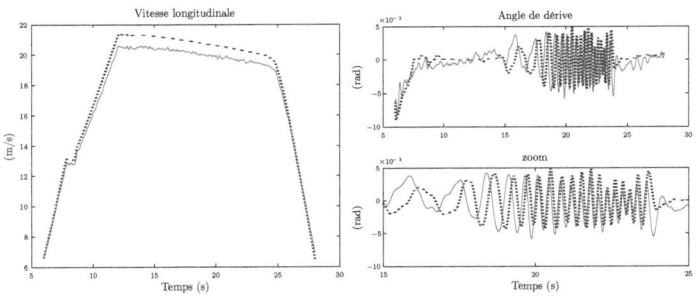

Fig. B.3
Comparaison des sorties vitesse et dérive avec les mesures réelles d'un essai sinus wobulé pour le critère $C_{LaDeNLcouple}$ et le modèle LaDéNL

Contrairement aux autres critères, nous obtenons une large erreur pour le signal de dérive, qui provient du fait que le critère $C_{LaDeNLcouple}$ donne plus de poids à la mesure vitesse de lacet qu'à la mesure de l'angle de dérive (en trait plein).

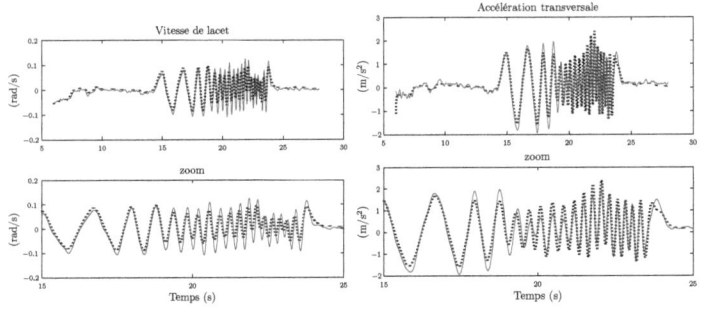

Fig. B.4
Comparaison des sorties vitesse de lacet et accélération transversale avec les mesures réelles d'un essai sinus wobulé pour le critère $C_{LaDeNLcouple}$ et le modèle LaDéNL

Les résultats de cette comparaison sont équivalents à ceux obtenus avec le critère $C_{LaDeNLserie}$.

B.1.1.2 Modèle LaRouDéNL

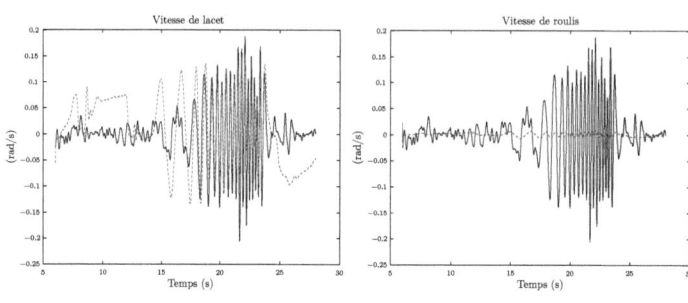

Fig. B.5 Comparaison des sorties vitesses de lacet et de roulis avec les mesures réelles d'un essai sinus wobulé pour le critère $C_{LaRouDeNLcouple}$ et le modèle LaDéNL

Comme nous l'avons vu pour le critère $C_{LaRouDeNLserie}$ sur les figures 2.29 et 2.30, les résultats de l'estimation sont également mauvais pour le critère $C_{LaRouDeNLcouple}$, en sachant que ce dernier critère utilise les mesures de l'angle de dérive et de vitesse de lacet (trait plein).

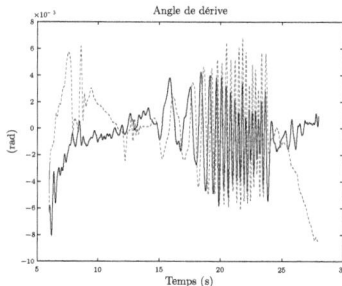

Fig. B.6 Comparaison des sorties vitesse de lacet et accélération transversale avec les mesures réelles d'un essai sinus wobulé pour le critère $C_{LaDeNLcouple}$ et le modèle LaDéNL

Au vu des courbes de cette figure, nous confirmons que l'estimation des paramètres du modèle LaRouDé ne répond pas à nos attentes.

B.1.2 Signaux de type trajectoire circulaire

B.1.2.1 Modèle LaDéNL

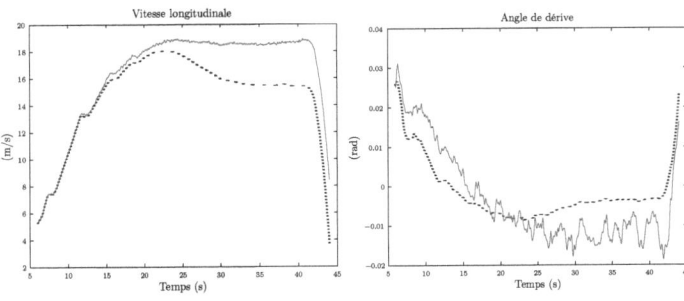

Fig. B.7
Comparaison des sorties vitesse et dérive avec les mesures réelles d'un essai circulaire pour le critère $C_{LaDeNLderive}$ et le modèle LaDéNL

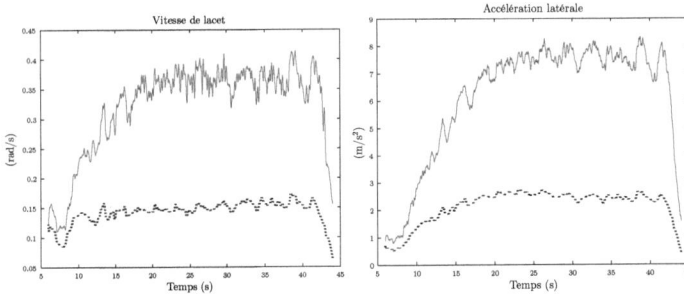

Fig. B.8
Comparaison des sorties vitesse de lacet et accélération transversale avec les mesures réelles d'un essai circulaire pour le critère $C_{LaDeNLderive}$ et le modèle LaDéNL

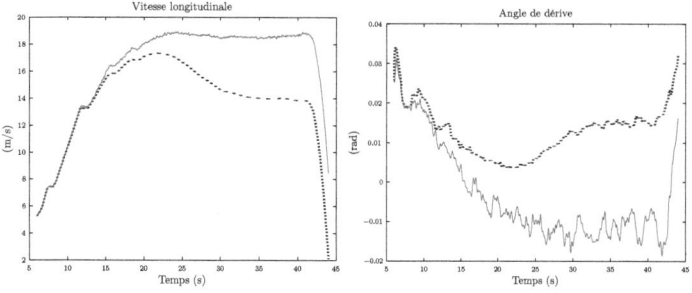

Fig. B.9 Comparaison des sorties vitesse et dérive avec les mesures réelles d'un essai circulaire pour le critère $C_{LaDeNLcouple}$ et le modèle LaDéNL

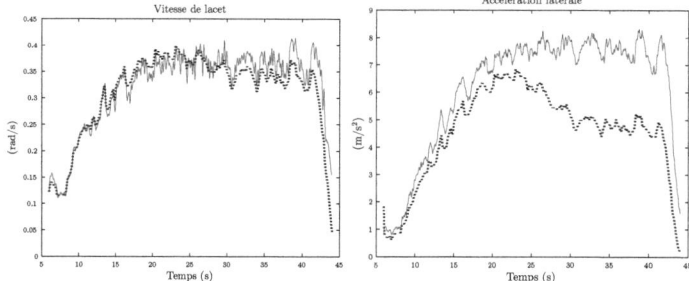

Fig. B.10 Comparaison des sorties vitesse de lacet et accélération transversale avec les mesures réelles d'un essai circulaire pour le critère $C_{LaDeNLcouple}$ et le modèle LaDéNL

Bibliographie

H. ABDELLATIF ET B. HEIMANN.
Accurate modelling and identification of vehicle's nonlinear lateral dynamics.
In *Proceedings of the 16th IFAC World Congress*, Prag, Czech Republic, 2005.
18

J. AFONSO, B. BRANDELON, B. HUERRE ET J. S. D. COSTA.
Modélisation d'un conducteur désirant suivre une trajectoire.
In *Proceedings du 2nd Congrès Internationnal SIA, Apport du calcul scientifique en conception automobile*, 1993.
47

A. ALBERT.
Regression and the Moore-Penrose Pseudoinverse.
Academic Press, New York, 1972.
23

R. A. ANDERSON.
Using GPS for model based estimation of critical vehicle states and parameters.
Thèse de Doctorat, The Graduate Faculty of Auburn University, 2004.
115

B. ARMSTRONG-HÉLOUVRY, P. DUPONT ET C. CANUDAS-DE-WIT.
A survey of models, analysis tools and compensation methods for the control of machines with friction.
Automatica, vol. 30 p. 1083–1138, 1994.
52

A. C. ATKINSON.
Plots, Transformations and Regression.
Oxford University Press, 1985.
23

D. Aubry.
Contribution à la synthèse d'observateurs pour les systèmes non-linéaires.
Thèse de Doctorat, Université Henri Poincaré - Nancy 1, 1999.
36, 43

J. E. Baker.
Adaptive selection methods for genetic algorithms.
In *Proceedings of the 1st International Conference on Genetic Algorithms*, pages 101–111, 1985.
30

E. Bakker, L. Nyborg et H. B. Pacejka.
Tire modelling for use in vehicle dynamics studies.
Society of Automotive Engineers, (870421), 1987.
53

E. Bakker, H. B. Pacejka et L. Lidner.
A new tire model with an application in vehicle dynamics studies.
Society of Automotive Engineers Transactions, paper 890087, pages 83–93, 1989.
53

M. Basset.
La voiture intelligente, chapter 3, pages 91–128.
Systèmes Automatisés Information - Commande - Communication, Hermès, 2002.
47

M. Basset.
Conception d'un banc d'essai pour la caractérisation des capteurs de mesure de dérive.
Technical report, Laboratoire MIPS/ MIAM, 2006.
xiii, 106

M. Basseville et I. Nikiforov.
Detection of Abrupt Changes.
Prentice-Hall, 1993.
131, 132

J. Baujon, J. P. Lauffenburger, P. Cheron, M. Basset et G. L. Gissinger.
A new low-cost tool for driver behavioor analysis and studies.
In *Proceedings of the IEEE Intelligent Vehicles Symposium*, pages 569–574, 2000.
47

T. Bäck.
Generalized convergence models for tournament–and (μ,λ)-selection.
In *Proceedings of the 6th International Conference on Genetic Algorithms*, pages 2–8, 1995.
31

M. C. Best, T. J. Gordon et P. J. Dixon.
An extended adaptive kalman filter for real-time state estimation of vehicle handling dynamics.
Vehicle System Dynamics, vol. 34 p. 57–75, 2000.

113

D. BESTLE ET M. ZEITZ.
Canonical form observer design for non-linear time-varying systems.
International Journal of Control, vol. 38 p. 419–443, 1983.
37

D. M. BEVLY, J. C. GERDES, C. WILSON ET Z. GENGSHENG.
The use of gps based velocity measurements for improved vehiclestate estimation.
In *Proceedings of the 2000 American Control Conference*, volume 4, pages 2538–2542, Chicago, IL, USA, 2000.
115

M. BLANKE, M. KINNAERT, J. LUNZE ET STAROSWIECKI.
Diagnosis and Fault-Tolerant Control.
Springer-Verlag, 2003.
132

M. BLUNDELL ET D. HARTY.
The Multibody Systems Approach to Vehicle Dynamics.
Elsevier - Butterworth-Heinemann, 2004.
114

L. B. BOOKER, D. B. FOGEL, D. WHITLEY ET P. J. ANGELINE.
The Handbook of Evolutionary Computation, chapter E3.3, pages C3.3:1–C3.3:27.
IOP Publishing and Oxford University Press, 1997.
31

BOSCH.
Esp system.
http://rb-kwin.bosch.com/fr-FR/start/esp, 2007.
116

B. BOURGES, J.-N. BALÉO, P. LE CLOIREC, P. COURCOUX ET C. FAUR-BRASQUET.
Méthodologie expérimentale : Méthodes et outils pour les expérimentations scientifiques.
Tec & Doc Lavoisier, 2003.
19

P. BOURON.
Méthodes ensemblistes pour le diagnostic, l'estimation d'état et la fusion de données temporelles.
Thèse de Doctorat, Université de Technologie de Compiègne, 2002.
28

J.-P. BROSSARD.
Dynamique du véhicule - Modélisation des systèmes complexes.
Collection des sciences appliquées de l'INSA de Lyon. Presses polytechniques et universitaires romandes, 2006.
xii, 50, 55, 56, 58, 144

C. Cao et T. Bertram.
Method of obtaining the yawing velocity and/or transverse velocity of a vehicle.
Technical report, US Patent N° 5311431, 1994.
112

J. Caroux, E. Haro, M. Basset et G. L. Gissinger.
Méthodologie d'identification pour l'estimation des paramètres physiques d'un véhicule à partir d'essais réels.
In *Journées Identification et Modélisation Expérimentale*, Poitiers, France, 2006a.
82

J. Caroux, T. Sprösser, M. Basset et G. L. Gissinger.
Identification of lateral vehicle behaviour for observer-based sideslip angle estimation.
In *Proceedings of the 10th MINI Conference on Vehicle System Dynamics, Identification and Anomalies*, Budapest, Hungary, 2006b.
105

F. Cellier.
Continuous System Modeling.
Springer-Verlag, 1991.
19

Y. Chamaillard.
Modélisation et identification des systèmes complexes. Application à des véhicules routiers en vue de l'étude d'un nouveau système de freinage.
Thèse de Doctorat, Université de Haute Alsace, 1996.
18

D. C. Chen, D. A. Crolla, C. J. Alstead et J. P. Whitehead.
A comprehensive study of subjective and objective vehicle handling behaviour.
Vehicle System Dynamics, vol. 25 p. 66–86, 1996.
48

J. Chen et R. Patton.
Robust model-based fault diagnosis for dynamic systems.
Boston : Kluwer Academic Publishers, 1999.
131

E. Cherrier et J. Ragot.
State estimation of uncertain parameter systems approach by intervals.
In *Proceedings of the 17th IAR/ICD Annual Meeting*, pages 53–58, Grenoble, France, 2002.
28

R. N. Clark.
Instrument fault detection.
IEEE transactions on Aerospace and Electronic Systems, vol. 14 p. 456–465, 1978a.
132

R. N. Clark.
A simplified instrument failure detection scheme.
IEEE transactions on Aerospace and Electronic Systems, vol. 14 p. 558–563, 1978b.
132

R. N. Clark, D. C. Fosth et V. M. Walton.
Detection instrument malfunctions in control systems.
IEEE transactions on Aerospace and Electronic Systems, vol. 11 p. 465–473, 1975.
132, 133

C. E. Cohen, B. W. Parkinson et B. D. McNally.
Flight tests of attitude determination using gps compared against an inertial navigation unit.
Journal of Institute of Navigation, vol. 41 p. 83–97, 1994.
111

CorrSys-Datron.
Optical sensor.
http://www.corrsys-datron.com, 2007.
103

R. Daily et D. M. Bevly.
The use of gps for vehicle stability control systems.
IEEE Transactions on Industrial Electronics, vol. 51(2) p. 270–277, 2004.
111, 115

G. Dauphin-Tanguy.
Les bond graphs (Traité IC2, série systèmes automatisés).
Hermès, 2000.
11

P. De Larminat.
Automatique des Systèmes Linéaires T. 2. Identification.
Flammarion Sciences, Paris, 1977.
36

P. De Larminat.
Automatique appliquée.
Hermes Science Publications, 2007.
8, 18

E. Donges.
A two-level model of driver steering behaviour.
Human factor, vol. 20(6) p. 691–707, 1978.
47

S. V. Drakunov et V. I. Utkin.
Sliding mode observers. tutorial.
In *Proceedings of the 34th IEEE Conference on Decision and Control*, volume 4, pages 3376–3379, 1995.

37, 43

N. R. Draper et H. Smith.
Applied Regression Analysis.
Wiley-Interscience, 1998.
33

P. Duysinx.
Stabilité et comportement du virage en régime permanent.
Cours présenté pour la section Ingénierie des Véhicules Terrestres - Université de Liège (Belgique), 2006-2007.
54

J. Ellis.
Vehicle Dynamics.
Busness Books Limited, London, 1969.
50

P. Eykhoff.
System Identification.
John Wiley & Sons, London, 1974.
xi, 23

J. Farrelly et P. Wellstead.
Estimation of vehicle lateral velocity.
In *Proceedings of the IEEE International Conference on Control Applications*, 1996.
111

D. G. Farrer.
An objective measurement technique for the quantification of on-centre handling quality.
Society of Automotive Engineers Transactions, vol. 102(6) p. 1271, 1993.
48

L. J. Fogel, A. J. Owens et M. Walsh.
Artificial intelligence through simulated evolution.
New York : Wiley, 1966.
28

H. Fontaine et Y. Gourlet.
Sécurité des véhicules et de leurs conducteurs.
Technical Report 175, INRETS, 1994.
47

P. M. Frank.
Fault diagnosis in dynamic systems via state estimation - a survey.
System Fault Diagnosis and Related Knowledge-based Approaches : Fault Diagnosis and Reliability, vol. 1 p. 38–98, 1987.
133

P. M. FRANK.
Fault diagnosis in dynamic systems using analytical and knowledge-based redundancy - a survey and some new results.
Automatica, vol. 26(3) p. 459–474, 1990.
132

P. M. FRANK ET L. KELLER.
Sensitivity discriminating observer design for instrument failure detection.
IEEE transactions on Aerospace and Electronic Systems, vol. 16 p. 460–467, 1980.
132

J. FRIEDMAN.
On bias, variance, o/i-loss, and the curse-of-dimensionality.
Data Mining and Knowledge Discovery, vol. 1 p. 55–77, 1997.
12

Y. FUKADA.
Estimation of vehicle side-slip with combinaison method of model observer and direct integration.
In *Proceedings of the 4th International Symposium on Advanced Vehicle Control*, pages 201–206, Nagoya, Japan, 1998.
112

Y. FUKADA.
Slip-angle estimation for vehicle stability control.
Vehicle System Dynamics, vol. 32 p. 375–388, 1999.
112

P. GAWTHROP ET L. SMITH.
Metamodelling: Bond Graphs and Dynamic Systems.
Prentice Hall, 1996.
11

G. GENTA.
Motor Vehicle Dynamics: Modeling and Simulation, volume 43 of *Advances in Mathematics for applied Sciences*.
World Scientific, 1997.
50

J. GERTLER.
Fault detection and diagnosis in engineering systems.
New York: Marcel Dekker, 1998.
131

T. D. GILLESPIE.
Fondamentals of Vehicle Dynamics.
SAE Publication, 1992.
50

G. Gissinger et N. Le Fort-Piat.
Contrôle-commande de la voiture (Traité IC2, série Systèmes automatisés).
Lavoisier, Paris, 2002.
xi, xii, 50, 52, 57

A. Gnadadesikan.
Methods of statistical data analysis of multivariate observations.
Wiley, 1997.
22

D. Goldberg.
Genetic algorithms in search, optimization, and machine learning.
Addison-Wesley Professional, 1989.
30, 31

G. H. Golub et C. F. Van Loan.
Matrix computations (3rd ed.).
Johns Hopkins University Press, 1996.
28

J. J. Grefenstette et J. E. Baker.
How genetic algorithms work: A critical look at implicit parallelism.
In *Proceedings of the 3rd International Conference on Genetic Algorithms*, pages 20–27, 1989.
30

A. Hac et M. D. Simpson.
Estimation of vehicle side slip angle and yaw rate.
In *Proceedings of the SAE 2000 World Congress*, 2000.
111, 113

W. Hamscher, L. Console et J. de Kleer.
Readings in model-based diagnosis.
San Mateo, CA : Morgan Kaufmann Publishers, 1992.
132

É. Haro-Sandoval.
Contribution à l'identification de systèmes physiques complexes. Application à la caractérisation de la dynamique latérale d'un véhicule automobile.
Thèse de Doctorat, Université de Haute Alsace, 2006.
57, 58, 66

R. Hayward, A. Marchick et J. D. Powell.
Two antenna gps attitude and integer ambiguity resolution for aircraft applications.
In *Proceedings of the Institute of Navigation, National Technical Meeting 'Vision 2010: Present and Future'*, pages 155–164, San Diego, CA, 1999.
111

R. Hermann et A. Krener.
Nonlinear controllability and observability.
IEEE Transactions on Automatic Control, vol. 22(5) p. 728–740, 1977.

37

M. HIGUCHI, K. KUSUKA, K. SHIBUSAWA, H. HIRATA ET M. TSUKAGOSHI.
Handling analysis and prediction during cornering.
In *Proceedings of the 3rd International Symposium on Advanced Vehicle Control*, pages 1027–1037, 1996.
48

J. H. HOLLAND.
Adaptation in natural and artificial systems: an introductory analysis with applications to biology, control, and artificial intelligence.
Cambridge, Mass.: MIT Press, 1992.
28

L. IMSLAND, T. A. JOHANSEN, T. I. FOSSEN, H. F. GRIP, J. C. KALKKUHL ET A. SUISSA.
Vehicle velocity estimation using modular nonlinear observers.
In *Proceedings of the 44th IEEE Conference on Decision and Control, European Control Conference*, 2005.
115

L. IMSLAND, T. A. JOHANSEN, T. I. FOSSEN, H. F. GRIP, J. C. KALKKUHL ET A. SUISSA.
Vehicle velocity estimation using nonlinear observers.
Automatica, vol. 42 p. 2091–2103, 2006.
115

R. ISERMANN.
Identifikation dynamischer Systeme, Band 1.
Springer- Verlag, Berlin, 2. Auflage, 1992.
24

L. JAULIN ET É. WALTER.
Guaranteed nonlinear parameter estimation from bounded-error data via interval analysis.
Mathematical Computing Simulation, vol. 35 p. 123–127, 1993.
28

C. JOIN.
Diagnostic des systèmes non linéaires. Contribution aux méthodes de découplage.
Thèse de Doctorat, Université Henri Poincaré, Nancy 1, 2002.
132

R. E. KALMAN ET B. BUCY.
New results in linear filtering and prediction.
Journal of Basic Engineering (ASME), vol. 83(D) p. 98–108, 1961.
36

M. KAMINAGA ET G. NAITO.
Vehicle body slip angle estimation using adaptive observer.
In *Proceedings of the 4th International Symposium on Advanced Vehicle Control*, pages 207–212, Nagoya, Japan, 1998.

112

D. KARNOPP.
Computer simulation of slip-stick friction in mechanical dynamic systems.
Journal of Dynamic Systems, Measurement and Control, vol. 107(1) p. 100–103, 1985.
52

D. KARNOPP, D. MARGOLIS ET R. ROSENBERG.
System Dynamics, A Unified Approach.
John Wiley, New York, 3rd edition, 2000.
11

M. KIEFFER, . E. WALTER, I. BRAEMS ET L. JAULIN.
Interval analysis for nonlinear parameter and state estimation: Contributions and limitations.
In *Proceedings of the 5th IFAC Symposium on Nonlinear and Control Systems*, Saint Petesburg, 2001.
28

U. KIENCKE ET A. DAISS.
Observation of lateral vehicle dynamics.
Control Engineering Practice, vol. 5(8) p. 1145–1150, 1997.
111, 112

R. S. KOU, D. L. ELLIOTT ET T. J. TARN.
Exponential observers for nonlinear dynamic systems.
Information and Control, vol. 29 p. 204–216, 1975.
37, 43

U. KRAMER ET G. ROHR.
Day and night drives - a simulator study by means of a fuzzy driver model.
In *Proceeding of the European Annual Manual*, pages 90–103, 1982.
47

A. LABBI ET E. GAUTHIER.
Combining fuzzy knowledge and data for neuro-fuzzy modeling.
Journal of Intelligent Systems, vol. 7(4) p. 145–164, 1997.
11

C. LAMY, J. CAROUX, M. BASSET, G. L. GISSINGER, D. POLI ET P. ROMIEU.
Problem of accurate determination of tire slip angle.
Paper accepted for the 5TH IFAC Symposium on Advances in Automotive Control, 2007.
105

I. LANDAU ET A. BESANÇON-VODA.
Identification des systèmes.
Hermès, 2001.
17

M. Larsson.
Behavioral and structural model based approaches to discrete diagnosis.
Thèse de Doctorat, Linköping University, 1999.
132

J.-P. Lauffenburger.
Contribution à la surveillance temps-réel du système "conducteur - véhicule - environnement": élaboration d'un système intelligent d'aide à la conduite.
Thèse de Doctorat, Université de Haute Alsace, 2002.
47

K. Leung, M. Bayliss, J. Whidborne et R. Williams.
Simulations for the use of gps compensated sensors for vehicle dynamic systems control.
In *Proceedings of the 8th International Conference on Systems Engineering*, 2006.
114

W. Leutzbach.
Introduction to the theory of traffic flow.
Springer-Verlag Berlin, 1988.
47

C. Liu et H. Peng.
A state and parameter identification scheme for linearly parametrized systems.
ASME Journal of Dynamics Systems, Measurement and Control, vol. 120(4) p. 524–528, 1998.
111

L. Ljung.
System Identification, theory for the user (2 è Ed.).
Prentice Hall, 1999.
9, 18, 22, 33

D. Luenberger.
Observing the state of a linear system.
IEEE Transaction on Military Electronics, vol. 8 p. 74–80, 1964.
36, 38

M. Masten et K. Aström.
Modern Control System, chapter Tools for modern control, pages 49–92.
Institute of Electrical and Electronics Engineers, 1995.
10

R. K. Mehra et I. Peshon.
An innovation approach to fault detection and diagnosis in dynamic systems.
Automatica, vol. 7 p. 637–640, 1971.
132

H. Mühlenbein et D. Schlierkamp-Voosen.
Predictive models for the breeder genetic algorithm, 1: continuous parameter optimization.
Evolutionary Computation, vol. 1(1) p. 25–49, 1993.

30, 31

W. Milliken et D. Milliken.
Race Car Vehicle Dynamics.
SAE Publication, 1995.
50

M. Nagai, Y. Hirano et S. Yamanaka.
Integrated control active rear wheel steering and direct yaw moment control.
Vehicle System Dynamics, vol. 27 p. 357–370, 1997.
113

M. Najim.
Modélisation, estimation et filtrage optimal en traitement du signal.
Hermes Science Publications, 2006.
8, 18

J. Nelder et R. Mead.
A simplex method for function minimization.
Computer Journal, vol. 7 p. 308–313, 1965.
32

O. Nelles.
Non linear System Identification - From Classical Approaches to Neural Networks and Fuzzy Models.
Springer, 2001.
17

B. Ninness et G. Goodwin.
Estimation of model quality.
Automatica, vol. 31 p. 1771–1797, 1995.
17

A. Nishio, K. Tozu, H. Yamaguchi, K. Asano et Y. Amano.
Development of vehicle stability control system based on vehicle sideslip angle estimation.
In *Proceedings of the SAE 2001 World Congress, Session: Vehicle Dynamics & Simulation,* Detroit, MI, USA, 2001.
111, 112

S. Nowakowski, M. Boutayed et M. Darouach.
A bias detection, estimation and correction method for systems with unknown parameters and states: an application to an inverted pendulum.
In *Proceedings of the International Conference on Fault Diagnosis,* pages 957–962, 1993.
37

Oxford Technical Solutions.
Gps/ins sensor.
http://www.oxts.co.uk, 2007.
103

H. B. Pacejka.
The tire as a vehicle component.
In *Proceedings of the XXVI FISITA Congress Prague*, 1996.
53

H. B. Pacejka et E. Bakker.
The magic formula tire model.
In *Proceedings of the 1st International Colloquium on Tire Models for Vehicle Dynamics Analysis*, 1991.
53

H. B. Pacejka et E. Bakker.
The magic formula tire model.
Vehicle System Dynamics, vol. 21 p. 1–18, 1993.
53

K. Park, S. Heo et I. Baek.
Controller design for improving lateral vehicle dynamic stability.
In *Proceedings of the JSAE Review*, pages 481–486, 2001.
113

R. Patton, P. Frank et R. Clark.
Fault Diagnosis in Dynamic Systems.
Englewood Cliffs, N.J.: Prentice Hall, 1989.
131

R. J. Patton, P. M. Frank et R. N. Clark.
Issues of Fault Diagnosis for Dynamic Systems.
London, Springer, 2000.
132

T. Poinot, J. C. Trigeassou et A. Benchellal.
Fractional differentiation and its applications, chapter Modelling and simulation of fractional systems, pages 533–544.
A. Le Méhaute, J. A. Tenreiro Machado, J. C. Trigeassou and J. Sabatier, 2005.
8, 18

A. Porcel.
Contribution à la commande multivariable des systèmes complexes rapides, instables ou pseudostables. Application au contrôle de stabilité de véhicules par approche "12 forces".
Thèse de Doctorat, Université de Haute Alsace, 2003.
52, 78

W. H. Press, B. P. Flannery, S. A. Teukolsky et W. T. Vetterling.
Numerical Recipes, the Art of Scientific Computing.
Cambridge University Press, 1986.
23, 26, 32

A. Priez.
Attention, chercheurs à bord, r&d.
La route de l'innovation, vol. 15 p. 15–19, 2000.
46

A. Rabhi.
Estimation de la dynamique du véhicule en interaction avec son environnement.
Thèse de Doctorat, Université de Versailles - Saint-Quentin-en-Yvelines, 2005.
43, 115

J. Rasmussen.
Skills, rules and knowledge; signal, signs and symbols and other distinctions in human performance models.
IEEE Transactions on Systems, Man & Cybernetics, vol. 13(3) p. 257–266, 1983.
47

I. Rechenberg.
Evolutionsstrategie, Optimierung technischer Systeme nach Prinzipien der biologischen Evolution.
Frommann-Holzboog Verlag, 1973.
28

J. A. Rothengatter, H. Alm, J. A. Michon et W. B. Verwey.
The driver, Generic Intelligent Driver Support.
Taylor & Francis, 1993.
47

J. Ryu et J. C. Gerdes.
Integrating inertial sensors with gps for vehicle dynamics control.
Journal of Dynamics Systems, Measurement, and Control, vol. 126 p. 243–254, 2004.
115

J. Ryu, E. J. Rossetter et J. C. Gerdes.
Vehicle sideslip and roll parameter estimation using gps.
In *Proceedings of 6th International Symposium on Advanced Vehicle Control*, 2002.
115

M. Sampath, R. Sengupta, S. Lafortune, K. Sinnamohideen et D. C. Teneketzis.
Diagnosability of discrete event systems.
IEEE Transactions on Automatic Control, vol. 40 (9) p. 1555–1575, 1995.
132

K. Sastry, D.E.Goldberg et G. Kendall.
Introductory Tutorials in Optimization, Search and Decision Support Methodologies.
Berlin: Springer, 2005.
30

D. Sauter, F. Hamelin, H. Noura et D. Theilliol.
Fault detection and isolation via a nonlinear filter.
In *Proceedings of the 15TH IFAC World Congress, Barcelona, Spain*, 2002.

132

C. SCHMITT.
Contribution à l'identification des paramètres physiques des systèmes complexes.
Thèse de Doctorat, Université de Haute Alsace, 1999.
18, 22, 57, 66

J. SCHOUKENS, R. PINTELON ET H. VAN HAMME.
Identification of linear dynamic systems using picewise constant excitations: Use, misuse and alternatives.
Automatica, vol. 30(7) p. 1153–1169, 1994.
9, 18

K. SENGER ET W. KORTÜM.
Investigations on state observers for the lateral dynamics of four wheel steered vehicles.
Vehicle Systems Dynamics, vol. 18 p. 515–527, 1989.
112

T. SÖDERSTRÖM ET P. STOICA.
System Identification.
Englewood Cliffs, Prentice-Hall, 1989.
8, 18, 22

W. SPEARS.
The Handbook of Evolutionary Computation, chapter E1.3, pages E1.3:1–E1.3:13.
IOP Publishing and Oxford University Press, 1997.
31

T. SPRÖSSER.
Contribution à l'étude des méthodes de détection de défauts par redondance analytique.
Thèse de Doctorat, Université de Haute Alsace, 1992.
120

T. SPRÖSSER.
Produit temps de montée – bande passante.
Technical report, Laboratoire MIPS/MIAM, 2006.
106

J. STÉPHANT, A. CHARARA ET D. MIEZEL.
Evaluation of a sliding mode observer for vehicle sideslip angle.
Control Engineering Practice, 2006.
42, 114

J. STÉPHANT.
Contribution à l'étude et à la validation expérimentale d'observateurs appliqués à la dynamique du véhicule.
Thèse de Doctorat, Université de Technologie de Compiègne, 2004.
43, 114

J. Thoma et B. O. Bouamama.
Modelling and Simulation in Thermal and Chemical Engineering - A Bond Graph Approach.
Springer, 2003.
11

N. Tricot.
Conception et évaluation de systèmes coopératifs avancés d'aide à la conduite automobile.
Thèse de Doctorat, Université de Valenciennes et du Hainaut-Cambrésis, 2005.
47

J. C. Trigeassou, T. Poinot et S. Moreau.
A methodology for estimation of physical parameters.
System Analysis Modelling Simulation, vol. 43 (7) p. 925–943, 2003.
18

H. Tseng.
Dynamic estimation of road bank angle.
Vehicle System Dynamics, vol. 36 p. 307–328, 2001.
111

A. Y. Ungoren, H. Peng et H. E. Tseng.
Experimental verification of lateral speed estimation methods.
In *Proceedings of the 6th International Symposium on Advanced Vehicle Control*, pages 361–366, 2002.
111

A. Ungoren et H. Peng.
A study on lateral speed estimation methods.
International Journal of Vehicle Autonomous Systems, vol. 2(1) p. 126–144, 2004.
111

M. Vallet et S. Khardi.
Vigilance et transports : aspects fondamentaux, dégradation et prévention.
Presses universitaires de Lyon, 1995.
47

A. van der Bosch.
Simplicity and prediction.
disponible à l'adresse http://tcw2.ppsw.rug.nl/ vdbosch/simple.ps, 1997.
17

A. T. Van Zanten.
Bosch esp systems: 5 years of experience.
Society of Automotive Engineers transactions, paper 2000-01-1633, vol. 109 p. 428–436, 2000.
116

P. J. T. Venhovens et K. Naab.
Vehicle dynamics estimation using kalman filters.
Vehicle System Dynamics, vol. 32 p. 171–184, 1999.

113

G. VENTURE.
Identification des paramètres dynamiques d'une voiture.
Thèse de Doctorat, École Centrale de Nantes, 2003.
18

É. WALTER.
Identifiability of Parametric Models.
Pergamon Press, Oxford, 1987.
9, 12, 13, 18

É. WALTER ET L. PRONZATO.
Identification de Modèles Paramétriques à partir de Données Expérimentales.
Masson, 1994.
14, 33

É. WALTER ET L. PRONZATO.
Identification of Parametric Models from Experimental Data.
Springer, 1997.
21

A. S. WILLSKY.
A survey of design methods for failure detection in dynamic systems.
Automatica, vol. 12 p. 601–611, 1976.
132

X. H. XIA ET W. B. GAO.
Non-linear observer design by observer canonical forms.
International Journal of Control, vol. 47(4) p. 1081–1100, 1988.
37

J. YEN, D. RANDOLPH, B. LEE ET J. C. LIAO.
A hybrid approach to modeling metabolic systems using genetic algorithms and simplex method.
IEEE Internationnal Conference on Systems Man and Cybernetics, vol. 2 p. 1205–1210, 1995.
32

L. ZADEH.
Fuzzy sets.
Information and Control, vol. 8 p. 338–353, 1965.
11

L. ZADEH.
The concept of a linguistic variable and its application to approximate reasoning.
Information Sciences, vol. 1 p. 119–249, 1975.
11

B. ZAMI.
Contribution à l'identification de la liaison Véhicule - Sol d'un véhicule automobile. Estimation des paramètres de modèles de pneumatiques.
Thèse de Doctorat, Université de Haute Alsace, 2005.
19

Y. C. ZHU ET T. BACKX.
Identification of Multivariable Industrial Processes: for Simulation, Diagnosis and Control.
Springer-Verlag, London, 1993.
24

J. ZUURBIER ET P. BREMMER.
State estimation for integrated vehicle dynamics control.
In *Proceedings of the 6th International Symposium on Advanced Vehicle Control*, 2002.
114

Oui, je veux morebooks!

I want morebooks!

Buy your books fast and straightforward online - at one of the world's fastest growing online book stores! Environmentally sound due to Print-on-Demand technologies.

Buy your books online at
www.get-morebooks.com

Achetez vos livres en ligne, vite et bien, sur l'une des librairies en ligne les plus performantes au monde!
En protégeant nos ressources et notre environnement grâce à l'impression à la demande.

La librairie en ligne pour acheter plus vite
www.morebooks.fr

VDM Verlagsservicegesellschaft mbH
Heinrich-Böcking-Str. 6-8
D - 66121 Saarbrücken

Telefax: +49 681 93 81 567-9

info@vdm-vsg.de
www.vdm-vsg.de

Printed by Books on Demand GmbH, Norderstedt / Germany